消防安全知识
应知应会
300条

曾　珠◎编著

人民日报出版社

图书在版编目（CIP）数据

消防安全知识应知应会300条 / 曾珠编著 . -- 北京：
人民日报出版社，2024.4
ISBN 978-7-5115-8281-2

Ⅰ . ①消… Ⅱ . ①曾… Ⅲ . ①消防—安全教育—问题
解答 Ⅳ . ① TU998.1-44

中国国家版本馆 CIP 数据核字（2024）第 089426 号

书　　　名：消防安全知识应知应会 300 条
　　　　　　XIAOFANG ANQUAN ZHISHI YINGZHI YINGHUI 300 TIAO
作　　　者：曾　珠

出 版 人：刘华新
责任编辑：刘天一
封面设计：陈国风

出版发行：人民日报出版社
地　　　址：北京金台西路 2 号
邮政编码：100733
发行热线：（010）65369527　65369846　65369509　65369510
邮购热线：（010）65369530　65363527
编辑热线：（010）65363105
网　　　址：www.peopledailypress.com
经　　　销　新华书店
印　　　刷　北京柯蓝博泰印务有限公司

开　　　本：170mm×240mm　　1/16
字　　　数：300 千字
印　　　张：19.5
版次印次：2024 年 6 月第 1 版　　2024 年 6 月第 1 次印刷

书　　　号：ISBN 978-7-5115-8281-2
定　　　价：68.00 元

前言

　　火给人类带来文明进步、光明和温暖。但是，失去控制的火，会给人类造成灾难。火灾是最常见的威胁公众安全和社会发展的灾害之一。我国每年有数以十万计的火灾事故发生，有许许多多的生命在火灾事故中消逝，那一串串数字、一张张图片、一篇篇报道总是让我们触目惊心。然而在灾难来临之前，我们可曾树立防火意识、掌握消防知识、熟悉逃生技巧……这是值得深思的问题。

　　消防安全不仅事关人民群众生命安全和切身利益，更是影响企业可持续发展的主要因素之一。单位消防安全责任人、消防安全管理人以及普通员工均要严格落实消防安全主体责任，加强消防安全管理，严格落实各项消防工作规章制度，加大隐患排查力度，积极做好自检自查工作，确保消防安全。特别要注意防范劳动密集型企业、电焊等动火作业环节隐藏的消防安全隐患，尽早排查、及时化解。节假日，大型商业综合体、电影院、餐饮娱乐等场所的消防安全尤为关键，要采取针对性举措，切实防患于未"燃"。

　　消防安全涉及各行各业、千家万户，与经济发展、社会稳定和人民群众安居乐业密切相关，是公共安全的重要内容之一。预防火灾，做好消防安全工作，是全社会的共同责任。各部门各单位要以人民利益为重、以人民安危为念，抓细抓实各项措施，有效防范化解消防安全风险。防范火灾风险，我们要从自身做起，从身边小事做起，清除一个小的消防安全隐患，就可能避免一场大的火灾事故。让我们共同发力保障消防安全，为经济社会发展创造良好环境，为美好生活筑牢安全防线。

为了广泛传播消防安全知识，积极营造全民"关注消防、学习消防、参与消防"的浓厚氛围，不断提高广大职工和社会公众的防灾减灾意识和自救互救能力，我们特编写了本书。本书从消防安全管理的工作实际出发，全面介绍了岗位工作和日常生活中对于不同类型火灾事故的防范措施和逃生自救常识。全书共分八章，内容涵盖防火知识、灭火知识、作业现场的风险及管控、危险品管理和自救互救知识等。本书采用条目式结构，层次清晰，条条实用，是广大职工群众拿来即用的消防安全知识小百科。

本书由曾珠主编，参与编写人员还有张影、兰丰榆、田茹梦。我们期望在与本书读者共享消防安全知识的过程中，一起成长、发展和进步，共同为消防安全工作贡献力量。

目录

第二章 普及基础知识，筑牢安全防线

第四章　掌握灭火知识，从容应对突发火情

第五章　强化风险管控，夯实安全生产基础

第六章　加强源头治理，防范化解重大风险

第七章　预防生活火灾，携手打造平安家园

第八章　学会逃生技巧，提升自救互救能力

第一章

重视消防安全，远离火灾危害

1. 我国目前的火灾形势

2023 年 1 至 10 月，全国共接报火灾 74.5 万起，死亡 1381 人，受伤 2063 人，已核直接财产损失 61.5 亿元，与 2022 年同期相比，起数和伤人数分别上升 2.5% 和 6.5%，亡人数和损失分别下降 13.2% 和 9.7%。

其中，发生较大火灾 56 起，比 2022 年同期减少 36 起，下降 39.1%；发生重特大火灾 3 起，比 2022 年同期增加 1 起，上升 50%。主要特点如下。

（1）起火区域

各区域火灾均有所增长，东部所占比重最大。东、中、西部和东北部地区火灾起数均比 2022 年同期有所上升，其中东部地区上升 2.2%，东北地区上升 2.9%，中部地区上升 4.5%，西部地区上升 0.8%。

在全国火灾总数中，东部占 43.3%，比例最高；其次是中部和西部，分别占 28% 和 22.5%；比例最小的是东北地区，占 6.2%。

（2）起火场所

居民住宅火灾相对多发，伤亡人数最多。建构筑物火灾 31 万起，占火灾总数的 41.6%，其中，各类住宅发生火灾 24.4 万起，造成 979 人死亡、1244 人受伤，分别占总数的 32.8%、70.9% 和 60.3%，是导致火灾伤亡的最主要场所；厂房、仓储场所火灾 1.9 万起，其中较大以上火灾 9 起，造成 34 人死亡，分别占较大以上火灾总数的 15.3% 和 13.5%。

非建构筑物发生火灾 31.8 万起，占火灾总数的 42.7%；交通工具火灾 7.4 万起，占总数的 10%；垃圾及废弃物及其他场所火灾 4.2 万起，占总数的 5.7%。

（3）城乡分布情况

农村地区火灾比重高，较大火灾多发。城市地区发生火灾 28.7 万起，占火灾总数的 38.5%，其中，市区 17.7 万起，占总数的 23.8%；县城 10.9 万起，占总数的 14.7%。农村地区发生火灾 43.2 万起，占总数的 57.9%，其中，集镇 12.5 万起，占总数的 16.7%；村屯 30.7 万起，占总数的 41.2%。

旅游区、公路等其他区域发生火灾 2.6 万起，占总数的 3.6%。城市地区接报较大火灾 22 起、亡 73 人，占较大火灾总数的 39.3% 和 36.5%；农村地区较大火灾 30 起、亡 113 人，占总数的 53.6% 和 56.5%。

（4）起火时段分布

午后及晚上火灾多发，夜间火灾少但伤亡多。以 2 小时为一时段，12 时至 20 时的 4 个时段为火灾高发时段，每个时段火灾均占全天的 12% 以上，合计占全天的 52.4%，与此时段生产活动较为集中有关；其中 14 至 16 时火灾占比最高，占总数的 13.9%。

22 时至次日凌晨 6 时的 4 个时段发生的火灾仅占全天的 16.2%，但造成 596 人死亡、690 人受伤，分别占全天的 40% 和 33.4%。

（5）起火原因

电气是引发火灾的首要原因，用火不慎、遗留火种、吸烟、自燃、燃放烟花爆竹、生产作业不慎等也占一定比重。

因电气引发的火灾共有 21.7 万起，造成 418 人死亡、590 人受伤，直接财产损失 26.3 亿元，分别占总数的 29.1%、30.3%、28.6% 和 42.6%。因用火不慎引发的火灾有 16.4 万起，占总数的 22.1%，其中因燃气炉具故障及使用不当引发火灾 2 万起、亡 28 人，分别占总数的 2.7% 和 2%；因遗留火种引发火灾 15 万起，占总数的 20.1%；因吸烟引发火灾 9.1 万起，占总数的 12.2%；自燃 4.4 万起，占总数的 5.9%；燃放烟花爆竹引发火灾 2.6 万起，占总数的 3.4%；因生产作业引发火灾 1.5 万起，占总数的 2.1%，其中电焊气割引发火灾 4447 起，较大以上火灾 9 起、亡 76 人，分别占较大以上火灾总数的 15.3% 和 30.3%；

玩火等其他原因引发火灾 3.8 万起，占总数的 5.1%。

（6）季节性特点

冬春季节火灾高发，夏秋季节为火灾低谷。2023 年一季度火灾高发，共接报火灾 34.6 万起、亡 555 人、伤 659 人，分别占 1 至 10 月火灾总数的 46.5%、40.2% 和 31.9%，其中 1 月共接报火灾 15.8 万起，为 2023 年前十月火灾最高值，比 7.4 万起的 2023 年前十月月均火灾起数高出 1.13 倍。

随着季节转换，火灾起数逐渐下降，7 至 10 月达到火灾低谷。7 至 10 月接报的火灾起数和亡人数分别占 2023 年前十月份火灾总数的 26.3% 和 27.5%，尤其是 8、9 月的火灾起数均不足 5 万起。

（7）消防救援队伍出动情况

2023 年 1 至 10 月，各地消防救援队伍共接警出动 184.3 万起，其中处置灾害事故近 37.4 万起，社会救助 55.4 万起，扑救火灾 74.2 万起，共营救被困人员 16.2 万人，疏散遇险人员 17.4 万人。

2. 什么是消防

消防是火灾预防和灭火救援的统称，以防范和治理火灾为目的。消防工作的中心任务是防范火灾发生，一旦发生火灾要最大限度地减少火灾造成的人员伤亡和财产损失，全力保障人民群众安居乐业和经济社会安全发展。

消防工作的任务具体如下。

（1）做好火灾预防工作。包括：①制定消防法规和消防技术规范；②制订消防发展规划；③编制城乡消防建设规划；④全面落实消防安全责任；⑤加强城乡公共消防设施建设和维护管理；⑥加强建设工程消防管理；⑦单位日常消防管理；⑧加强社区消防安全管理；⑨开展全民消防宣传教育；⑩消防监督管理；⑪火灾事故调查与统计。

（2）做好灭火及综合性救援工作。包括：①建立灭火应急救援指挥体系；②制定灭火应急处置预案；③加强灾害事故预警监测；④加强灭火和应急救援队伍建设。

3. 消防工作的方针

2021年4月修正公布的《消防法》明确规定消防工作实行"预防为主、防消结合"的方针。这个方针是由原来的"以防为主、以消为辅"演变而来的，其继承了原方针的基本精神，更加准确和科学地表达了"防"和"消"的关系，体现了对火灾的预防和扑救的辩证关系，正确地反映出同火灾做斗争的客观规律。这是我国人民长期同火灾做斗争的经验总结，全面地反映了消防工作的客观要求。

（1）预防为主。在消防工作的指导思想上，把预防火灾放在首位，立足于防，动员、依靠广大人民群众，认真贯彻各项防火工作措施，切实落实分级防火责任制，开展群防群治，从源头上预防火灾的发生和发展。从以往发生的火灾案例分析，大多数火灾是可以预防的，火灾损失是可以降低到最小的，只要在思想上重视、组织上落实、管理上到位、物质上保障，就可以从根本上取得同火灾做斗争的主动权。

（2）防消结合。指将同火灾做斗争的两个基本手段——预防和扑救有机地结合起来，做到相辅相成、保障有力。防消结合要求在做好防火工作的同时，大力加强国家综合性消防救援队、专职消防队和企事业单位专职消防队，以及各单位、社区志愿消防队的建设，配备必要的消防技术装备，不断提高消防队伍的灭火能力。尤其要与时俱进强化消防基础设施建设，在思想上、组织上、技术上积极做好各项灭火准备工作，一旦发生火灾，能够迅速有效地予以扑灭，最大限度地减少火灾所造成的人身伤亡和财产损失。

"防"和"消"是不可分割的整体，"防"是矛盾的主要方面，"消"是弥补"防"的不足，这是达到一个目的的两种手段，两者是相辅相成、互为补充的。只有全面、正确地理解并贯彻"预防为主、防消结合"的方针，才能有效地同火灾做斗争。

4. 消防工作的原则

消防工作的原则是贯穿全部消防工作中的基本准则和内在精神，是国家消防立法和各个管理主体在具体的管理过程中都应当遵循的基本准则。《消防法》规定，消防工作的原则是"政府统一领导、部门依法监管、单位全面负责、公民积极参与"，这是我国长期以来对消防工作的经验总结。消防工作原则明确了各个主体的消防工作责任。

（1）政府统一领导。消防安全是政府社会管理和公共服务的重要内容，是社会稳定、经济发展的重要保障。《消防法》第三条规定："国务院领导全国的消防工作。地方各级人民政府负责本行政区域内的消防工作。"这是关于各级人民政府消防工作责任的原则规定。国务院作为最高国家行政机关，领导全国的消防工作，国务院在经济社会发展的不同时期，向各级人民政府发出加强和改进消防工作的意见。同时，《消防法》也对地方政府消防工作责任作了具体规定。

（2）部门依法监管。政府部门是政府的组成部分，代表政府管理某个领域的公共事务。应急管理部门及消防救援机构是代表政府依法对消防安全实施监督管理的部门。但是消防安全涉及面广，仅靠应急管理部门及消防救援机构的监管是不够的，住房城乡建设、产品质量监督、教育、人力资源和社会保障等部门也应当依据有关法律、法规和政策规定，依法履行相应的消防安全管理职责。政府各部门齐抓共管，是消防工作的社会化属性决定的。

（3）单位全面负责。单位是社会的基本单元，也是社会消防安全管理的基本单元。单位对消防安全和致灾因素的管理能力，反映了社会公共消防安全管理水平，在很大程度上决定了一个城市、一个地区的消防安全形势。单位是自身消防安全的责任主体，每个单位只有自觉依法落实各项消防安全管理职责，实行自我防范，消防工作才会有坚实的社会基础，火灾才能得到有效控制。《消防法》对机关、团体、企业、事业等单位的消防安全管理职责作了明确规定。

（4）公民积极参与。公民是消防工作的基础，是各项消防安全管理工作的重要参与者和监督者。没有广大人民群众的参与，消防工作就不会发展进步，全社会抵御火灾的能力就不会提高。如果每个公民都具有消防安全意识和基本的消防知识、技能，形成"人人都是消防工作者"的局面，全社会的消防安全就会得到有效保证。公民参与体现在消防工作的方方面面，无论是防火还是灭火，无论是公共消防管理还是单位内部消防管理，都必须体现公民参与。

5. 消防工作的重要性

消防是一种公共安全事务，其重要性主要体现在以下几个方面。

一是保护人民生命和财产的安全。消防工作旨在减少火灾发生的概率和破坏力度，保护和保障人民生命财产安全。

二是有效防止和控制火灾。消防人员对可能发生的火灾进行预防，并根据实际情况采取必要的措施，以有效地防止和控制火灾，以减少火灾造成的损失和危害。

三是促进社会和谐发展。消防工作是社会发展的重要组成部分，可以帮助建立和谐、安全的社会环境，促进社会的发展。

6. 消防工作的主体

《消防法》在总则中规定"消防工作贯彻预防为主、防消结合的方针，按照政府统一领导、部门依法监管、单位全面负责、公民积极参与的原则，实行消防安全责任制，建立健全社会化的消防工作网络"。"政府""部门""单位""公民"四者都是消防工作的主体。

7. 消防安全责任人职责

消防安全责任人是对单位的消防安全工作全面负责的人。一般法人单位的法定代表人或非法人单位的主要负责人是单位的消防安全责任人。政府主要负责人为辖区消防安全责任人。消防安全责任人的职责如下。

（1）贯彻执行消防法规，保障单位消防安全符合规定，掌握本单位的消防安全情况；

（2）将消防工作与本单位的生产、科研、经营、管理等活动统筹安排，批准实施年度消防工作计划；

（3）为本单位的消防安全提供必要的经费和组织保障；

（4）确定逐级消防安全责任，批准实施消防安全管理制度和保障消防安全的操作规程；

（5）组织防火检查，督促落实火灾隐患整改，及时处理涉及消防安全的重大问题；

（6）根据消防法规的规定建立专职消防队、义务消防队；

（7）组织制定符合本单位实际的灭火和应急疏散预案，并实施演练。

8. 消防安全管理人职责

消防安全管理人，一般由本单位分管消防安全、安全生产的领导担任，对消防安全责任人负责，实施和组织落实本单位消防安全管理工作。消防安全管理人的职责如下。

（1）拟订年度消防安全工作计划，组织实施日常消防安全管理工作；

（2）组织制定消防安全制度和保障消防安全的操作规程并督促落实；

（3）拟订消防安全工作的资金投入和组织保障方案；

（4）组织实施防火检查，督促整改火灾隐患；

（5）组织实施对本场所消防设施、器材和消防安全标志的维护保养，确保完好有效和处于正常运行状态，确保疏散通道和安全出口畅通；

（6）组织管理专职消防队、微型消防站或志愿消防队；

（7）组织从业人员开展消防知识、技能教育和培训，组织灭火和应急疏散预案的实施和演练；

（8）定期分析研判单位消防安全形势并向消防安全责任人报告，提出加强消防安全工作的意见和建议，及时报告涉及消防安全的重大问题；

（9）组织单位内部消防安全管理情况考评，提请消防安全责任人进行奖惩；

（10）完成消防安全责任人委托的其他消防安全管理工作。

未确定消防安全管理人的，上述消防安全管理工作由单位消防安全责任人负责实施。

9. 专、兼职消防安全管理人员职责

（1）根据年度消防工作计划，开展日常消防安全管理工作；

（2）督促落实消防安全制度和消防安全操作规程；

（3）实施防火检查和火灾隐患整改工作；

（4）检查消防设施、器材和消防安全标志状况，督促维护保养；

（5）开展消防知识、技能宣传教育和培训；

（6）组织专职消防队、微型消防站或志愿消防队开展训练、演练；

（7）筹备消防安全例会内容，落实会议纪要或决议；

（8）及时向消防安全管理人报告消防安全情况；

（9）单位消防安全管理人委托的其他消防安全管理工作。

10. 部门消防安全责任人职责

（1）组织实施本部门的消防安全管理工作计划；

（2）根据本部门的实际情况开展消防安全教育与培训，制定消防安全管理制度，落实消防安全措施；

（3）按照规定开展防火巡查、检查，管理消防安全重点部位，维护管辖范围的消防设施、器材；

（4）及时发现和消除火灾隐患，不能立即消除的，应采取相应防范措施并及时向消防安全管理人报告；

（5）发现火灾及时报警，并组织人员疏散和初期火灾扑救。

11. 消防控制室值班员职责

（1）熟悉和掌握消防控制室设备的功能及操作规程，保障消防控制室设备的正常运行；

（2）对火警信号立即确认，确认真实火情后立即拨打119并按下用户信息传输装置（传输设备）手动报警按钮报火警，启动消防设施，同时按要求向单位消防安全责任人或管理人报告火情；

（3）对故障报警信号及时确认，排除故障，不能排除的应立即向主管人员或消防安全管理人报告；

（4）不间断值守岗位，对消防设施联网监测系统监测中心的查岗等指令及时应答，做好火警、故障和值班等记录。

12. 消防设施操作维护人员职责

（1）熟悉和掌握消防设施的功能和操作规程；

（2）定期对消防设施进行检查，保证消防设施处于正常运行状态，确保所有阀门处于正确位置；

（3）发现故障及时排除，不能排除的及时向消防安全管理人报告；

（4）督促消防设施维护保养机构履行维保合同中确定的各项内容。

13. 保安员消防职责

（1）按照本单位的管理规定进行防火巡查，并做好记录，发现问题应及时报告；

（2）发现火灾及时通知周边人员，拨打119报火警并报告主管人员，参与实施灭火和应急疏散预案，协助灭火救援；

（3）劝阻和制止违反消防法规和消防安全管理制度的行为；

（4）接到消防控制室指令后，对有关报警信号及时确认。

14. 专职消防队、微型消防站、志愿消防队队员职责

（1）熟悉单位基本情况、灭火和应急救援疏散预案、消防安全重点部位及消防设施及器材设置情况；

（2）参加消防业务培训及消防演练，熟悉消防设施及器材、安全疏散路线和场所火灾危险性、火灾蔓延途径，掌握消防设施及器材的操作使用方法与引导疏散技能；

（3）定期开展灭火救援技能训练，加强与辖区消防部门的联勤联动，掌握常见火灾特点、处置方法及防护措施；

（4）发生火灾时，积极参加扑救火灾、疏散人员、保护现场等工作；

（5）根据单位安排，参加日常防火巡查和消防宣传教育。

15. 员工消防职责

（1）严格执行消防安全管理制度、规定及安全操作规程；

（2）接受消防安全教育培训，掌握消防安全知识和逃生自救能力；

（3）保护消防设施器材，保障消防车通道、疏散通道、安全出口畅通；

（4）班前班后检查本岗位工作设施、设备、场地，发现隐患及时排除并向上级主管报告；

（5）熟悉本单位及自身岗位火灾危险性、消防设施及器材、安全出口的位置，积极参加单位消防演练，发生火灾时，及时报警并引导人员疏散；

（6）指导、督促顾客遵守单位消防安全管理制度，制止影响消防安全的行为。

16. 电气焊工、电工、易燃易爆化学物品操作人员职责

（1）严格执行消防安全制度和操作规程，履行审批手续；

（2）严格落实相应作业现场的消防安全措施，保障消防安全；

（3）发生火灾后应在实施初起火灾扑救的同时立即报火警。

17. 公民在消防工作中的权利和义务

公民是消防工作重要的参与者和监督者。现行《消防法》关于公民在消防工作中权利和义务的规定主要如下。

（1）任何人都有维护消防安全、保护消防设施、预防火灾、报告火警的义务；任何成年人都有参加有组织的灭火工作的义务。

（2）任何人不得损坏、挪用或者擅自拆除、停用消防设施、器材，不得埋压、圈占、遮挡消火栓或者占用防火间距，不得占用、堵塞、封闭疏散通道、安全出口、消防车通道。

（3）任何人发现火灾都应当立即报警；任何人都应当无偿为报警提供便利，不得阻拦报警；严禁谎报火警。

（4）火灾扑灭后，相关人员应当按照消防救援机构的要求保护现场，接受事故调查，如实提供与火灾有关的情况。

（5）任何人都有权对住房和城乡建设主管部门、消防救援机构及其工作人员在执法中的违法行为进行检举、控告。

18. 路遇出警消防车应该如何正确避让

（1）遇相对方向来车为特种车辆，且道路中心无物理隔离时，应当减速观察。如特种车辆要左转弯或借自己所在车道通行，应停车让特种车辆先行。

（2）同一路段，驾车在特种车辆前方非同一车道同向行驶时，如各车道车辆可以正常前行，不得左右变道，应减速让特种车辆快速通过。

如遇各车道排队缓行或交通拥堵，特种车辆在后方同一车道时，应当开启转向灯向左或向右变道让行。

（3）同一路段只有一条车道，驾车在特种车辆前方同向行驶时，前方应当加速通过，有条件靠边停车的应及时靠边停车让行。有应急车道的，不得在应急车道上行驶。

（4）遇前方路口停止信号等待放行时，同车道内的前车应在保证行人安全的前提下，依次驶过停止线后靠右侧停下，让行特种车辆。

如果因避让执行紧急任务的特种车辆，而闯了红灯或出现其他违法情况，交管部门均会依据现场监控摄像，查明事实，主动取消处罚；如果监控录像没有取证到有关画面，当事人可以提出申诉，提请交管部门查看涉事车辆和特种车辆的通过时间，特种车辆所属相关部门也将给予配合，协助交管部门确认后取消处罚。

19. 公安派出所的消防监督职责

我国60%以上的火灾和60%以上的火灾伤亡发生在农村和乡镇。考虑到消防救援机构只在县级以上人民政府设立，而公安派出所覆盖广大农村和城市社区，《消防法》赋予了公安派出所消防监督职责，规定公安派出所可以负责日常消防监督检查、开展消防宣传教育。

20. 119全国消防日的由来

11月9日的月日数恰好与火警电话号码119相同，而且这一天前后，正值风干物燥、火灾多发之际，全国各地都在紧锣密鼓地开展冬季防火工作。为增强全民的消防安全意识，使"119"更加深入人心，公安部在一些省份进行"119"消防活动的基础上，于1992年发起，将每年的11月9日定为全国的"消防日"。

21. 火警电话为何确定为"119"

（1）国际标准化管理的需要。20世纪70年代国际电报电话咨询委员会根据国际标准化管理的要求，建议世界各国火警电话采用"119"号码，避免火警电话用"0"号开头与其他通信服务相互影响。

（2）火灾具有突发特点。为保证通信畅通无阻，应将其并入"11"号开头的特别服务中去。

（3）"119"号码便于记忆。"1"在古代时候念作"幺"，跟"要"字同音。"119"就是"要要救"。寓意拨打"119"寻求紧急时刻的帮助。

22. "119"应该在什么情况下拨打

在遇到火灾、危险化学品泄漏、道路交通事故、地震、建筑坍塌、重大安全生产事故、空难、爆炸、恐怖事件、群众遇险事件，水旱、气象、地质灾害、森林、草原火灾等自然灾害，矿山、水上事故、重大环境污染、核与辐射事故和突发公共卫生事件时均可拨打消防报警电话119。该号码为特殊号码，不收取任何费用。

23. "96119" 与 "119" 有何不同

96119 是消防咨询热线，同时也是火灾隐患举报投诉电话。与 119 不同的是，"96119" 更多承担的是未雨绸缪式的隐患排查职能。所以，在您的身边，如果发现以下方面的消防安全违法行为和火灾隐患，可以拨打 96119 向消防救援机构进行火灾隐患举报投诉。

（1）公众聚集场所未经消防救援机构许可，擅自投入使用、营业的。

（2）消防设施、器材或者消防安全标志的配置、设置不符合国家标准、行业标准，或者未保持完好有效的。

（3）火灾自动报警系统、自动灭火系统等消防设施严重损坏、挪用或者擅自拆除、停用的。

（4）占用、堵塞、封闭疏散通道、安全出口或者有其他妨碍安全疏散行为的。

（5）埋压、圈占、遮挡消防栓或者占用防火间距的。

（6）占用、堵塞、封闭消防车通道，妨碍消防车通行的。

（7）人员密集场所在外墙、门窗上设置影响逃生和灭火救援障碍物的。

（8）生产、储存、经营易燃易爆危险品场所和居住场所设置在同一建筑物内，或者未与居住场所保持安全距离的。

（9）生产、储存、经营其他物品的场所与居住场所设置在同一建筑物内，不符合国家工程建设消防技术标准的。

（10）使用不符合市场准入的、不合格的或国家明令淘汰的消防产品的。

（11）消防技术服务机构及其人员违规从业执业的。

（12）其他可能严重威胁公共安全的火灾隐患。

注：根据国务院印发的《关于进一步优化地方政务服务便民热线的指导意见》文件要求，部分城市"96119"火灾隐患投诉举报热线已归并至"12345"政务服务便民热线，广大群众可以通过拨打"12345"热线电话进行相关举报投诉和业务咨询。

24. 我国的消防队伍是怎样组成的

当前我国应急救援力量主要包括国家综合性消防救援队伍、各类专业应急救援队伍和社会应急力量。

（1）国家综合性消防救援队伍。2018 年 11 月 9 日，公安消防部队、武警森林部队转制，组建国家综合性消防救援队伍，由应急管理部管理，实行统一领导、分级指挥，是我国应急救援的主力军和国家队，承担着防范化解重大安全风险、应对处置各类灾害事故的重要职责。

（2）各类专业应急救援队伍。主要由地方政府和企业专职消防、地方森林（草原）防灭火、地震和地质灾害救援、生产安全事故救援等专业救援队伍构成，是国家综合性消防救援队伍的重要协同力量，担负着区域性灭火救援和安全生产事故、自然灾害等专业救援职责。另外，交通、铁路、能源、工信、卫生健康等行业部门都建立了水上、航空、电力、通信、医疗防疫等应急救援队伍，主要担负行业领域的事故灾害应急抢险救援任务。专业应急救援队伍重点围绕提升专业领域救援能力，优化力量布局，整合各类资源，补齐建设短板，完善保障机制，充分发挥在各类灾害事故处置中的专业作用。

（3）社会应急力量。经摸底调查，社会应急队伍依据人员构成及专业特长开展水域、山岳、城市、空中等应急救援工作。另外，一些单位和社区建有志愿消防队，属群防群治力量。社会应急力量重点围绕规范有序发展，发挥辐射带动作用，提高公众防灾避险意识和自救互救水平进行建设，形成政府主导、属地管理、配合有力、全社会参与的应急工作格局。

同时，人民解放军和武警部队是我国应急处置与救援的突击力量，担负着重特大灾害事故的抢险救援任务。

25. 历年全国消防日主题

2023 年消防日活动主题：预防为主，生命至上。

2022 年消防日活动主题：抓消防安全，保高质量发展。

2021 年消防日活动主题：落实消防责任，防范安全风险。

2020 年消防日活动主题：关注消防，生命至上。

2019 年消防日活动主题：防范火灾风险，建设美好家园。

2018 年消防日活动主题：全民参与，防治火灾。

2017 年消防日活动主题：关注消防，平安你我。

2016 年消防日活动主题：消除火灾隐患，共建平安社区。

2015 年消防日活动主题：参与社区消防，建设平安家园。

2014 年消防日活动主题：找火灾隐患，保家庭平安。

2013 年消防日活动主题：认识火灾，学会逃生。

2012 年消防日活动主题：人人参与消防，共创平安和谐。

2011 年消防日活动主题：全民消防，生命至上。

2010 年消防日活动主题：全民关注消防，生命安全至上。

2008 年消防日活动主题：关注消防，珍爱生命，共享平安。

2007 年消防日活动主题：生命至上，平安和谐。

2006 年消防日活动主题：关注安全，关爱生命。

2005 年消防日活动主题：消除火灾隐患，构建和谐社会。

2004 年消防日活动主题：整改火灾隐患，珍爱生命安全。

2003 年消防日活动主题：为全面建设小康社会创造良好的消防安全环境。

2002 年消防日活动主题：预防火灾是全社会的共同责任。

2001 年消防日活动主题：关注消防，珍爱家园。

2000 年消防日活动主题：共筑平安路，迈向新世纪，让家庭远离火灾。

1999 年消防日活动主题：全面树立以人为本思想，切实加强安全生产教育。

注：2009 年消防日活动主题各地自定。

26. 国家消防救援局主要职责

国家消防救援局负责贯彻落实党中央关于消防救援工作的方针政策和决策部署，在履行职责过程中坚持和加强党中央对消防救援工作的集中统一领导。主要职责如下。

（1）起草消防法律、行政法规、规章草案，指导编制消防规划并监督实施。

（2）负责职责范围内的国家综合性消防救援队伍建设、管理工作。组织构建国家综合性消防救援队伍教育训练体系，负责消防救援院校建设有关工作。

（3）组织指导地方专兼职消防队伍规划建设与指挥调度，与防汛抗旱、森林防火等专业应急救援队伍、志愿者队伍建立共训共练、救援合作机制。

（4）组织指导城乡和森林草原火灾扑救、航空救援、特种灾害救援、重大活动消防安全保卫等任务，协同组织其他自然灾害和事故灾难抢险救援等工作，指挥调度相关灾害事故救援行动。

（5）依法行使消防安全综合监管职能，组织指导火灾预防、消防监督执法以及火灾事故调查处理有关工作，组织指导消防宣传教育工作。

（6）完成党中央、国务院及应急管理部交办的其他任务。

27. 我国现行的消防法规体系

我国现行的消防法规体系由消防法律、消防法规、消防规章及消防技术标准组成。

（1）消防法律。1998年4月29日，第九届全国人民代表大会常务委员会第二次会议审议通过了《中华人民共和国消防法》，同年9月1日起施行，历经2008年修订，2019年、2021年二次修正。《消防法》分为总则、火灾预防、消防组织、灭火救援、监督检查、法律责任和附则共七章七十四条。它规定了我国消防工作的宗旨、方针政策、组织机构、职责权限、活动原则和管理程序等，是用以调整国家各级行政机关、企业事业单位、社会团体和公民之间消防关系的行为规范。

（2）消防法规，包括行政法规和地方性法规。①行政法规，是国务院根据宪法和法律，为领导和管理国家各项行政工作，按照法定程序制定出的规范性文件。②地方性法规，是省、自治区、直辖市人大及其常委会，省、自治区人民政府所在地的市和经国务院批准的较大的市的人大及其常委会，根据本地的具体情况和实际需要，在不同宪法、法律和行政法规相抵触的情况下制定的规范性文件。

（3）消防规章，是国务院主管部门和地方省级人民政府、省级人民政府所在地的市政府以及经国务院批准的较大的市的人民政府，根据并且为了实施法律、行政法规、地方性法规，在自己权限范围内依法制定的规范性文件。①国务院部委规章，由国务院主管部门制定的规范性文件。②地方政府规章，是地方省级人民政府、省级政府所在地的市政府以及经国务院批准的较大的市的人民政府，根据并且为了实施法律、行政法规、地方性法规，在自己权限范围内依法制定的规范性文件。地方政府规章以政府令的形式发布，是消防监督管理中常用的法律依据。

（4）消防技术标准，是我国各部委或各地方部门依据《中华人民共和国标准化法》的有关法定程序单独或联合制定颁发的，用以规范消防技术领域中人与自然、科学技术的关系的准则或标准。根据《消防法》有关规定，这些消防技术标准都具有法律效力，必须遵照执行。消防技术标准可划分为国家标准、行业标准和地方标准。

28. 失火罪的主要特征及刑罚

失火罪，是指由于行为人的过失引起火灾，造成严重后果，危害公共安全的行为。

（1）失火罪的主要特征

①本罪主体为一般主体，凡达到法定刑事责任年龄、具有刑事责任能力的人均可成为本罪主体。国家工作人员或者具有从事某种业务身份的人员，在执行职务中或从事业务过程中过失引起火灾。不构成失火罪。

②本罪的客体是公共安全。

③主观方面是过失。行为人应当预见自己的行为可能发生危害社会的结果，但由于疏忽大意没有预见或已经预见而轻信能够避免，以致造成严重后果。从主观意愿来看，行为人是不愿意火灾发生的。若对火灾的发生持放任态度，则属于间接故意的范畴，就构成了放火罪。

④客观方面表现为行为人的行为直接导致了火灾的发生，并且造成

了严重后果。

（2）失火罪的刑罚

根据《刑法》第 115 条规定，对失火罪的处刑是：处三年以上七年以下有期徒刑；情节较轻的，处三年以下有期徒刑或者拘役。

> 2020 年 11 月 10 日，谢某为熏土窑，在某村"墙头背"山场的自家土窑内焚烧稻草，引发"墙头背"山场森林火灾。经鉴定：火灾过火有林地面积 6 公顷，烧毁林木蓄积 133.5 立方米、幼树 178 株，合计林木损失 6.1294 万元，迹地更新损失 1.62 万元。经法院审理，以失火罪判处谢某有期徒刑九个月，缓刑一年，并按照作业设计要求补植复绿。
>
> 2020 年 3 月 2 日，某村发生森林火灾，火场过火面积约 32 公顷。经查，该森林火灾系由某村村民刘某在位于该村"北坟"处自家农地点火焚烧苞谷秆，引发森林火灾。经法院审理，以失火罪判处被告人刘某有期徒刑四年。

29. 放火罪的主要特征及刑罚

放火罪，是指行为人故意放火焚烧公私财物，危害公共安全的行为。放火罪是一种故意犯罪。

（1）放火罪的主要特征

①本罪的主体是一般主体。年满 14 周岁、具有刑事责任能力的自然人都可以成为本罪的主体。

②本罪的客体是公共安全。只要行为人实施了放火行为，足以危害公共安全，即使没有造成严重后果，也构成本罪。

③主观方面是故意的。行为人希望或放任自己的行为可能发生危害社会的结果。从主观意愿来看，行为人是希望火灾发生的，或对火灾的发生持放任态度。

④客观方面表现为行为人直接实施了放火行为。放火罪是典型的危险犯，行为人只要实施了这些危险的行为，不要求必须造成严重后果，就可以构成犯罪既遂，如果造成严重后果的，属于结果加重犯。

（2）放火罪的刑罚

《刑法》第 114 条、第 115 条对放火罪的处刑是：尚未造成严重后果的，处三年以上十年以下有期徒刑；致人重伤、死亡或者使公私财产遭受重大损失的，处十年以上有期徒刑、无期徒刑或者死刑。

⁂⁂⁂⁂⁂⁂⁂⁂⁂⁂⁂⁂

2019 年 12 月 19 日和 2019 年 12 月 21 日，犯罪嫌疑人施某到洱源县某村故意用打火机点燃杂草和松毛后引发了森林火灾。经法院审理，以放火罪判处被告人施某有期徒刑三年。

2021 年 4 月 7 日，云龙县某乡发生森林火灾，火灾过火面积 12.68 公顷。经查，起火原因为杨某用打火机将干蕨菜点燃引发。经法院审理，以放火罪判处被告人杨某有期徒刑六年零六个月。

⁂⁂⁂⁂⁂⁂⁂⁂⁂⁂⁂⁂

30. 消防责任事故罪的主要特征及刑罚

消防责任事故罪，指的是违反消防管理法规，经消防监督机构通知采取改正措施而拒绝执行，造成严重后果的行为。

（1）消防责任事故罪的主要特征

①本罪的主体为一般主体。年满 16 周岁、具有刑事责任能力的自

然人均可成为本罪的主体。

②本罪的客体为公共安全。

③主观方面为过失。行为人对火灾发生存在过失，由于疏忽大意没有预见或已经预见而轻信能够避免，但对于违反消防管理法规，经消防监督机构通知采取改正措施而拒绝执行则是明知的。

④客观方面表现为违反消防管理法规，经消防监督机构通知采取改正措施而拒绝执行，造成严重后果。消防管理法规包括法律、行政法规、地方性法规、国务院部门规章以及地方政府规章（后同）。"严重后果"指的是造成人员伤亡或者使公私财物遭受严重损失。

（2）消防责任事故罪的刑罚

根据《刑法》第139条规定，违反消防管理法规，经消防监督机构通知采取改正措施而拒绝执行，造成严重后果的，对直接责任人员处三年以下有期徒刑或者拘役；后果特别严重的，处三年以上七年以下有期徒刑。

31. 违反《消防法》的行政处罚类型有哪些

违反《消防法》的行政处罚类型如下。

（1）警告。它是国家对行政违法行为人的谴责和告诫，是国家对行为人违法行为所做的正式否定评价。从国家方面说，警告是国家行政机关的正式意思表示，会对相对一方产生不利影响，应当纳入法律约束的范围；对被处罚人来说，警告的制裁作用，主要是对当事人形成心理压力、不利的社会舆论环境。适用警告处罚的重要目的，是使被处罚人认识其行为的违法性和对社会的危害，纠正违法行为并不再继续违法。

（2）罚款。它是行政机关对行政违法行为人强制收取一定数量金钱，剥夺一定财产权利的制裁方法。适用于对多种行政违法行为的制裁。

（3）没收违法所得、没收非法财物。没收违法所得，是行政机关将行政违法行为人占有的，通过违法途径和方法取得的财产收归国有的制裁方法；没收非法财物，是行政机关将行政违法行为人非法占有的财产和物品收归国有的制裁方法。

（4）责令停产停业。它是行政机关强制命令行政违法行为人暂时或永久地停止生产经营和其他业务活动的制裁方法。

（5）暂扣或者吊销许可证，暂扣或者吊销执照。它是行政机关暂时或者永久地撤销行政违法行为人拥有的国家准许其享有某些权利或从事某些活动资格的文件，使其丧失权利和活动资格的制裁方法。

（6）行政拘留。它是治安行政管理机关（公安机关）对违反治安管理的人短期剥夺其人身自由的制裁方法。

对于上述各种处罚以外的其他处罚种类的设定，只能由全国人民代表大会及其常务委员会制定公布的法律和国务院制定公布的行政法规规定。这就是说，行政处罚新种类的创设权集中在全国人大和国务院，其他机关没有这种权力。

❀❀❀❀❀❀❀❀❀❀❀❀❀❀

2023年3月31日，海南省某市消防救援支队消防监督员对某物业服务有限公司某分公司（某住宅小区）进行现场检查，发现该物业管理的小区存在消防水泵房消火栓、喷淋泵、湿式报警阀压力表损坏，消防联动控制器存在故障点，屋顶稳压泵未能自动启动等问题。支队立即对该单位下发责令限期改正通知书，并于2023年6月2日进行复查，发现存在的火灾隐患逾期未全部整改，该物业服务企业的行为违反了《海南自由贸易港消防条例》第二十二条第五项之规定。根据《海南自由贸易港消防条例》第七十一条之规定，2023年8月30日，该市消防救援支队给予该物业服务有限公司某分公司（某住宅小区）罚款人民币一万一千元的行政处罚。

❀❀❀❀❀❀❀❀❀❀❀❀❀❀

32. 违反《消防法》会受到哪些处罚

《消防法》规定了违反本法应受到的处罚。

（1）关于对不符合消防设计审核、消防验收、消防安全检查以及消防备案要求等违反消防安全管理行为处罚的规定

有下列行为之一的，责令停止施工、停止使用或者停产停业，并处三万元以上三十万元以下罚款：

①依法应当进行消防设计审查的建设工程，未经依法审查或者审查不合格，擅自施工的；

②依法应当进行消防验收的建设工程，未经消防验收或者消防验收不合格，擅自投入使用的；

③《消防法》第十三条规定的其他建设工程验收后经依法抽查不合格，不停止使用的；

④公众聚集场所未经消防救援机构许可，擅自投入使用、营业的，或者经核查发现场所使用、营业情况与承诺内容不符的。

核查发现公众聚集场所使用、营业情况与承诺内容不符，经责令限期改正，逾期不整改或者整改后仍达不到要求的，依法撤销相应许可。建设单位未依照《消防法》规定在验收后报住房和城乡建设主管部门备案的，由住房和城乡建设主管部门责令改正，处五千元以下罚款。

（2）关于对违法进行消防设计、施工及工程监理的处罚规定

有下列行为之一的，责令改正或者停止施工，并处一万元以上十万元以下罚款：

①建设单位要求建筑设计单位或者建筑施工企业降低消防技术标准设计、施工的；

②建筑设计单位不按照消防技术标准强制性要求进行消防设计的；

③建筑施工企业不按照消防设计文件和消防技术标准施工，降低消防施工质量的；

④工程监理单位与建设单位或者建筑施工企业串通，弄虚作假，降低消防施工质量的。

（3）关于对单位和个人违反消防安全职责、义务的处罚规定

有下列行为之一的，责令改正，处五千元以上五万元以下罚款：

①消防设施、器材或者消防安全标志的配置、设置不符合国家标准、行业标准，或者未保持完好有效的；

②损坏、挪用或者擅自拆除、停用消防设施、器材的；

③占用、堵塞、封闭疏散通道、安全出口或者有其他妨碍安全疏散行为的；

④埋压、圈占、遮挡消火栓或者占用防火间距的；

⑤占用、堵塞、封闭消防车通道，妨碍消防车通行的；

⑥人员密集场所在门窗上设置影响逃生和灭火救援的障碍物的；

⑦对火灾隐患经消防救援机构通知后不及时采取措施消除的。

个人有上述第二项至第五项行为之一的，处警告或者五百元以下罚款。

有第三项至第六项行为，经责令改正拒不改正的，强制执行，所需费用由违法行为人承担。

（4）关于对生产、储存、经营易燃易爆危险品和其他物品的场所设置不符合法律规定的违法行为的处罚规定

①生产、储存、经营易燃易爆危险品的场所与居住场所设置在同一建筑物内，或者未与居住场所保持安全距离的，责令停产停业，并处五千元以上五万元以下罚款。

②生产、储存、经营其他物品的场所与居住场所设置在同一建筑物内，不符合消防技术标准的，依照上述规定处罚。

（5）关于对《治安管理处罚法》中已经涵盖的涉及消防安全管理的违法行为的处罚规定

有下列行为之一的，依照《治安管理处罚法》的规定处罚：

①违反有关消防技术标准和管理规定生产、储存、运输、销售、使用、销毁易燃易爆危险品的；

②非法携带易燃易爆危险品进入公共场所或者乘坐公共交通工具的；

③谎报火警的；

④阻碍消防车、消防艇执行任务的；

⑤阻碍消防救援机构的工作人员依法执行职务的。

（6）关于对违反特定危险场所消防管理规定的违法行为的处罚规定

有下列行为之一的，处警告或者五百元以下罚款；情节严重的，处五日以下拘留：

①违反消防安全规定进入生产、储存易燃易爆危险品场所的；

②违反规定使用明火作业或者在具有火灾、爆炸危险的场所吸烟、使用明火的。

（7）关于对指使或者强令他人违反消防安全规定，冒险作业、过失引起火灾，妨碍火灾扑救和消防安全管理等违法行为的处罚规定

有下列行为之一，尚不构成犯罪的，处十日以上十五日以下拘留，可以并处五百元以下罚款；情节较轻的，处警告或者五百元以下罚款：

①指使或者强令他人违反消防安全规定，冒险作业的；

②过失引起火灾的；

③在火灾发生后阻拦报警，或者负有报告职责的人员不及时报警的；

④扰乱火灾现场秩序，或者拒不执行火灾现场指挥员指挥，影响灭火救援的；

⑤故意破坏或者伪造火灾现场的；

⑥擅自拆封或者使用被消防救援机构查封的场所、部位的。

（8）关于对生产、销售、使用不合格的或者国家明令淘汰的消防产品的行为的处罚规定

①违反规定，生产、销售不合格的消防产品或者国家明令淘汰的消防产品的，由产品质量监督部门或者工商行政管理部门依照《产品质量法》的规定从重处罚。

②人员密集场所使用不合格的消防产品或者国家明令淘汰的消防产品的，责令限期改正；逾期不改正的，处五千元以上五万元以下罚款，并对其直接负责的主管人员和其他直接责任人员处五百元以上二千元以下罚款；情节严重的，责令停产停业。

③消防救援机构对于上述第二条规定的情形，除依法对使用者予以处罚外，应当将发现不合格的消防产品和国家明令淘汰的消防产品的情况通报产品质量监督部门、工商行政管理部门。产品质量监督部门、工商行政管理部门应当对生产者、销售者依法及时查处。

（9）关于对电器产品、燃气用具的安装、使用及其线路、管路的设计、敷设、维护保养、检测不符合消防技术标准和管理规定的违法行为的处罚规定

电器产品、燃气用具的安装、使用及其线路、管路的设计、敷设、维护保养、检测不符合消防技术标准和管理规定的，责令限期改正；逾期不改正的，责令停止使用，可以并处一千元以上五千元以下罚款。

（10）关于机关、团体、企业、事业等单位未履行消防安全职责等的法律责任的规定

机关、团体、企业、事业等单位违反《消防法》第十六条、第十七条、第十八条、第二十一条第二款规定的，责令限期改正；逾期不改正的，对其直接负责的主管人员和其他直接责任人员依法给予处分或者给予警告处罚。

（11）关于发生火灾的人员密集场所的现场工作人员不履行职责的法律责任的规定

人员密集场所发生火灾，该场所的现场工作人员不履行组织、引导在场人员疏散的义务，情节严重，尚不构成犯罪的，处五日以上十日以下拘留。

（12）关于消防技术服务机构出具虚假文件或者失实文件的法律责任的规定

①消防设施维护保养检测、消防安全评估等消防技术服务机构，不具备从业条件从事消防技术服务活动或者出具虚假文件的，由消防救援机构责令改正，处五万元以上十万元以下罚款，并对直接负责的主管人员和其他直接责任人员处一万元以上五万元以下罚款；不按照国家标准、行业标准开展消防技术服务活动的，责令改正，处五万元以下罚款，并对直接负责的主管人员和其他直接责任人员处一万元以下罚款；有违法所得的，并处没收违法所得；给他人造成损失的，依法承担赔偿责任；情节严重的，依法责令停止执业或者吊销相应资格；造成重大损失的，由相关部门吊销营业执照，并对有关责任人员采取终身市场禁入措施。

②消防技术服务机构出具失实文件，给他人造成损失的，依法承担赔偿责任；造成重大损失的，由消防救援机构依法责令停止执业或者吊销相应资格，由相关部门吊销营业执照，并对有关责任人员采取终身市场禁入措施。

33. 临时查封措施的由来

新《消防法》在继承原《消防法》中有关强制措施的基础上，根据消防执法工作实践，增加了临时查封措施。

新《消防法》规定消防救援机构在消防监督检查中发现火灾隐患的，应当通知有关单位或者个人立即采取措施消除隐患；不及时消除隐患可能严重威胁公共安全的，消救援防机构应当依照规定对危险部位或者场所采取临时查封措施。

34. 消防安全"四懂四会"

四懂四会，是在消防系统"三懂三会"的基础上发展出来的。"四懂"是指懂得岗位火灾的危险性，懂得预防火灾的措施，懂得扑救火灾的方法，懂得逃生路线和方法；"四会"是指会使用消防器材，会报火警，会扑救初期火灾，会组织疏散逃生。

35. 消防安全"四个能力"

消防"四个能力"是公安部构筑社会消防安全"防火墙"工程提出的，内容如下。

（1）检查消除火灾隐患能力。单位应建立防火检查、巡查队伍；单位消防安全责任人、消防安全管理人每月至少组织一次防火检查；单位实行每日防火巡查，并建立巡查记录；部门负责人每周至少开展一次防火记录；员工每天班前、班后进行本岗位防火检查；做到"十查十禁"。

（2）扑救初期火灾能力。单位应建立两支队伍（灭火第一战斗力量队伍、灭火第二战斗力量队伍）。

①发现火灾后，起火部位员工 1 分钟内形成灭火第一战斗力量；

②火灾确认后，单位 3 分钟内形成灭火第二战斗力量。

（3）组织人员疏散逃生能力。消防安全责任人、消防安全管理人和员工要做到"四熟悉"：熟悉本单位疏散逃生路线、熟悉引导人员疏散程序、熟悉遇难逃生设施使用方法、熟悉火场逃生基本知识。

（4）消防宣传教育培训能力。消防安全责任人、消防安全管理人和员工要做到"六掌握"。

第二章

普及基础知识，筑牢安全防线

36. 什么是火灾

　　火灾是指在时间或空间上失去控制的燃烧所造成的灾害。在各种灾害中，火灾是最经常、最普遍的威胁公众安全和社会发展的主要灾害之一。

37. 火灾的分类

　　《火灾分类》（GB/T 4968–2008）规定，火灾根据可燃物的类型和燃烧特性，分为 A、B、C、D、E、F 六大类。

　　A 类：指固体物质火灾。这种物质通常具有有机物质性质，一般在燃烧时能产生灼热的余烬。如木材、干草、煤炭、棉、毛、麻、纸张、塑料等火灾。

　　B 类：指液体或可熔化的固体物质火灾。如煤油、柴油、原油、甲醇、乙醇、沥青、石蜡等火灾。

　　C 类：指气体火灾。如煤气、天然气、甲烷、乙烷、丙烷、氢气等火灾。

　　D 类：指金属火灾。如钾、钠、镁、钛、锆、锂、铝镁合金等火灾。

　　E 类：指带电火灾。物体带电燃烧的火灾。

　　F 类：指烹饪器具内的烹饪物火灾。如动物油脂或植物油脂火灾。

38. 火灾的等级

　　根据 2007 年 6 月 26 日公安部下发的《关于调整火灾等级标准的通知》，火灾划分为特别重大火灾、重大火灾、较大火灾和一般火灾四个等级。

　　特别重大火灾：指造成 30 人以上死亡，或者 100 人以上重伤，或者 1 亿元以上直接经济损失的火灾。

　　重大火灾：指造成 10 人以上 30 人以下死亡，或者 50 人以上 100 人以下重伤，或者 5000 万元以上 1 亿元以下直接经济损失的火灾。

　　较大火灾：指造成 3 人以上 10 人以下死亡，或者 10 人以上 50 人以下重伤，或者 1000 万元以上 5000 万元以下直接经济损失的火灾。

　　一般火灾：指造成 3 人以下死亡，或者 10 人以下重伤，或者 1000 万元以下直接经济损失的火灾。

　　（注："以上"包括本数，"以下"不包括本数。）

39. 火灾的发展过程

　　火灾的发展过程分为五个阶段。

　　（1）初起阶段：火灾燃烧范围不大，仅限于初始起火点附近，烟和气体的流动速度比较缓慢，辐射热较低，火势向周围发展蔓延比较慢，火势不稳。

　　（2）发展阶段：燃烧强度增大、温度升高、气体对流增强、燃烧速度加快、燃烧面积扩大，为控制火势发展和扑灭火灾，需一定灭火力量才能有效扑灭。

（3）猛烈阶段：燃烧发展达到高潮，燃烧温度最高，辐射热最强，燃烧物质分解出大量的燃烧产物，温度和气体对流达到最高限度。

（4）衰减阶段：随着可燃物燃烧殆尽或者燃烧氧气不足或者灭火措施的作用，火势开始衰减。

（5）熄灭：当可燃物烧完或者燃烧场地氧气不足或者灭火工作起效，火势最终熄灭。

40. 火灾发生的常见原因

事故都有起因，火灾也是如此。分析起火原因，了解火灾发生的特点，是为了更有针对性地运用技术措施，有效控火，防止火灾和减少火灾危害。

（1）电气使用不慎

有关资料显示，近年来，我国发生的电气火灾每年都在10万起以上，占全年火灾总数的30%左右，导致的人员伤亡及经济损失在各类火灾中居首位。电气火灾原因复杂，主要与电气线路故障、电气设备故障以及电加热器具使用不当等因素有关。电气线路、电气设备发生故障，既可能与电气产品在设计、生产、制造环节产生的缺陷相关，也可能与其敷设、施工安装及投入使用后的维护管理相关。由此引发的电气线路接触不良、过负荷、短路、电气设备过热等是造成电气火灾的直接原因。

（2）吸烟不慎

点燃的香烟，能引燃许多可燃物质，在起火原因中占有相当的比重。例如，将没有熄灭的烟头扔在可燃物中引起火灾；躺在床上吸烟，烟头掉在被褥上引起火灾；在某些公共场所，违章吸烟引起火灾；等等。

（3）生活用火不慎

生活用火不慎主要是指城乡居民家庭生活用火不慎。例如，炊事器具设置不当，安装不符合要求，在使用中违反安全技术要求等引起火灾；等等。

（4）生产作业不慎

生产作业不慎主要是指违反生产安全制度引起火灾。例如，在易燃易爆车间内动用明火；将性质相抵触的物品混存在一起，引起燃烧、爆炸；气焊和气割时，因未采取有效的防火措施，飞溅出的大量火星和熔渣，引燃周围可燃物；在机器运转过程中，不按时加油润滑，或者没有清除附在机器轴承上的杂质、废物，使机器发热，引起附着物起火；化工生产设备失修，易燃、可燃液体"跑、冒、滴、漏"，遇到明火燃烧或爆炸；等等。

（5）玩火

未成年人因缺乏看管，玩火取乐，也是火灾发生的原因之一。燃放烟花爆竹也属于"玩火"的范畴。被点燃的烟花爆竹本身就是火源，稍有不慎，就易引发火灾，还会造成人员伤亡。

（6）放火

放火是指人蓄意制造火灾的行为。一般是当事人以放火为手段达到某种目的。这类火灾是当事人故意为之，通常经过一定的策划准备，因而往往缺乏初期救助，火灾发展迅速，后果严重。

（7）雷击

雷电导致的火灾大体上有三种：一是雷电直接击在建筑物上发生热效应、机械效应等；二是雷电产生静电感应作用和电磁感应作用；三是高电位雷电波沿着电气线路或金属管道系统进入建筑物内部。在雷击较多的地区，建筑物上如果没有设置可靠的防雷保护设施，便有可能发生雷击起火。此外，一些森林火灾也是由雷击引起的。

除以上列举的七种火灾常见原因外，由于自燃等原因引发的火灾也占据一定的比例。

41. 火灾事故的危害

火灾会带来的危害有危害生命安全、造成经济损失、破坏文明成果、影响社会稳定、破坏生态环境。

（1）危害生命安全

火灾会对人的生命安全构成严重威胁。主要来自以下几个方面：一是可燃物在起火燃烧时产生高温高热，对人的肌体造成严重伤害，甚至致人休克、死亡；二是可燃物燃烧过程中释放出的一氧化碳等有毒气体，人吸入后会产生呼吸困难、头痛、恶心、神经系统紊乱等症状；三是建筑物等经燃烧，达到甚至超过了承重构件的耐火极限，导致建筑整体或部分构件坍塌，造成人员伤亡。

（2）造成经济损失

火灾造成的经济损失主要体现在以下几个方面：一是火灾烧毁财物，破坏设施设备；二是扑救火灾所用的水、干粉、泡沫等灭火剂，不仅本身是一种资源损耗，而且使财物遭受水渍、污染等损失；三是火灾发生后，因建筑修复重建、人员善后安置、生产经营停业等，会造成巨大的间接经济损失。

（3）破坏文明成果

一些历史保护建筑、文化遗址一旦发生火灾，除了会造成人员伤亡和财产损失，大量文物、典籍、古建筑等诸多的稀世瑰宝面临烧毁的威胁，这将对人类文明成果造成无法挽回的损失。

（4）影响社会稳定

火灾可能会引发公众的恐慌和恐惧，给社会带来动荡和不安。特别是当一些重要的公共建筑、单位、交通枢纽等场所发生火灾时，会在很大范围内引起关注，并造成一定程度的负面效应，影响社会稳定。

（5）破坏生态环境

一旦火灾发生，大量烟尘和有毒气体会释放到空气中，污染空气；灭火时使用的化学灭火剂、泡沫等物质也会污染环境；如果火灾发生在森林、草原等自然环境中，燃烧的物质量大，会给生态环境造成衰退和损害。

42. 火灾事故调查的内容

及时处理和调查火灾非常重要，因为这可以帮助我们了解火灾的原因和发生的状况，进而预防类似的火灾再次发生。因此，在火灾处理或灾后调查过程中，需要了解以下内容。

（1）火灾的时间和地点。了解火灾的确切时间和地点可以帮助我们更好地定位火源和确定火灾的起因。同时，这也有助于我们了解火警的紧急程度和预测火灾的走向。

（2）火灾涉及的物品。在火灾发生时，了解火灾涉及的物品种类非常重要。包括在火灾现场列举所有燃烧的物品，并确定它们在火灾中是否被完全烧毁。同时，还需要了解受影响的建筑物和火灾对环境造成的影响。

（3）火灾的起源和原因。打火机、电器故障、人为纵火等是一些常见的火灾起因。因此，在进行火灾调查时，需要寻找火源并了解火灾的原因。在了解起始状况后，还需要了解火灾过程。

（4）火灾预防措施。在火灾处理和调查的过程中，需要了解火灾预防措施。例如，保持电器干燥和清洁，定期检查和更换所有电气设备，切勿在室内吸烟等。

（5）火灾灭火和救援措施。火灾发生时，灭火和救援是至关重要的。在进行火灾调查时，我们需要了解灭火和救援的情况及其效果，这样我们可以判断出防灾救灾设备、消防器材和应急处理的优劣。同时也要了解管理者和民众参与灭火的方式、形式以及反应以保障人员安全。

（6）火灾对人员和财产造成的影响。在火灾调查中，我们需要了解火灾对人员和财产造成的具体影响，如死亡、受伤、失踪、受到损害或财产毁损程度等。同时，还要了解在灾害发生时所采取的紧急和迅速的措施，以评估所采取的维护和保护措施的效果。

（7）灾后恢复工作。在火灾处理和灾后调查中，需要了解采取的恢复工作和措施，并确定它们是否成功，如有需要，还应制订其他解决方案及措施。

43. 什么是火灾隐患

火灾隐患是指潜在的可能直接引起火灾事故，或者火灾发生时能增加对人员、财产的危害，又或者是影响人员疏散以及灭火救援的一切不安全因素。

44. 如何判定和排查火灾隐患

如何发现和判定火灾隐患，是消防安全管理中经常遇到的问题。火灾隐患有的是以有形的形式表现出来，如消防安全布局不合理，建筑物耐火等级和防火间距不符合规范要求，安全出口和疏散通道被上锁或者封堵，消防设施缺损瘫痪，等等；有的则以无形的形式表现出来，如管理混乱，责任不清，制度不健全，漠视消防法律法规，轻视消防安全工作，缺乏消防安全常识，违反消防安全操作规程等。

（1）《消防监督检查规定》（公安部令第120号）将具有下列情形之一的，判定为火灾隐患。

①影响人员安全疏散或者灭火救援行动，不能立即改正的。

②消防设施未保持完好有效，影响防火灭火功能的。

③擅自改变防火分区，容易导致火势蔓延、扩大的。

④在人员密集场所违反消防安全规定，使用、储存易燃易爆危险品，不能立即改正的。

⑤不符合城市消防安全布局要求，影响公共安全的。

⑥其他可能增加火灾实质危险性或者危害性的情形。

（2）单位通过对消防安全管理的下列环节开展防火检查，排查火灾隐患。

①消防法律、法规、规章、制度的贯彻执行情况。

②消防安全责任制、消防安全制度、消防安全操作规程建立及落实情况。

③单位员工消防安全教育培训情况。

④单位灭火和应急疏散预案制定及演练情况。

⑤建筑之间防火间距、消防通道、建筑安全出口、疏散通道、防火分区设置情况。

⑥消火栓系统，火灾自动报警、自动灭火和防烟排烟系统等自动消防设施运行，灭火器材配置等情况。

⑦电气线路敷设以及电气设备运行情况。

⑧建筑室内装修装饰材料防火性能情况。

⑨生产、储存、经营易燃易爆危险化学品的单位场所设置位置情况。

⑩"三合一""多合一"场所（住宿与生产、储存、经营一种或一种以上场所在同一建筑内混合设置）人员住宿与生产、储存、经营部分实行防火分隔，安全出口、疏散通道设置，消火栓、自动消防设施运行，电气线路敷设及电气设备运行等情况。

⑪新建、改建、扩建工程消防设计审查、消防验收情况。

⑫销售和使用领域的消防产品质量情况。

45. 火灾隐患的分级

根据不安全因素引发火灾的可能性大小和可能造成的危害程度的不同，按国家消防监督管理的行政措施，火灾隐患可分为：重大火灾隐患、一般火灾隐患。

46. 什么是重大火灾隐患

重大火灾隐患是指违反消防法律法规、不符合消防技术标准，可能导致火灾发生或火灾危害增大，并由此可能造成重大、特别重大火灾事故或严重社会影响的各类潜在不安全因素。及时发现和消除重大火灾隐患，对于预防和减少火灾发生、保障社会经济发展和人民群众生命财产安全、维护社会稳定具有重要意义。

47. 重大火灾隐患的判定原则和程序

重大火灾隐患判定应坚持科学严谨、实事求是、客观公正的原则。重大火灾隐患判定适用下列程序。

（1）现场检查。组织进行现场检查，核实火灾隐患的具体情况，并获取相关影像和文字资料。

（2）集体讨论。组织对火灾隐患进行集体讨论，做出结论性判定意见，参与人数不应少于3人。集体讨论或者技术论证时，可以听取业主和管理、使用单位等利害关系人的意见。

（3）专家技术论证。对于涉及复杂疑难的技术问题，按照《重大火灾隐患判定方法》（GB 35181–2017）判定重大火灾隐患有困难的，应组织专家成立专家组进行技术论证，形成结论性判定意见。结论性判定意见应有三分之二以上的专家同意。

技术论证专家组应由当地政府有关行业主管部门、监督管理部门和相关消防技术专家组成，人数不应少于7人。

48. 重大火灾隐患的直接判定

符合以下任意一条直接判定要素的，直接判定为重大火灾隐患。

（1）生产、储存和装卸易燃易爆危险品的工厂、仓库和专用车站、码头、储罐区，未设置在城市的边缘或相对独立的安全地带。

（2）生产、储存、经营易燃易爆危险品的场所与人员密集场所、居住场所设置在同一建筑物内，或与人员密集场所、居住场所的防火间距小于国家工程建设消防技术标准规定值的75%。

（3）城市建成区内的加油站、天然气或液化石油气加气站、加油加气合建站的储量达到或超过《汽车加油加气加氢站技术标准》（GB50156–2021）对一级站的规定。

（4）甲、乙类生产场所和仓库设置在建筑的地下室或半地下室。

（5）公共娱乐场所、商店、地下人员密集场所的安全出口数量不足或其总净宽度小于国家工程建设消防技术标准规定值的80%。

（6）旅馆、公共娱乐场所、商店、地下人员密集场所未按国家工程建设消防技术标准的规定设置自动喷水灭火系统或火灾自动报警系统。

（7）易燃可燃液体、可燃气体储罐（区）未按国家工程建设消防技术标准的规定设置固定灭火、冷却、可燃气体浓度报警、火灾报警设施。

（8）在人员密集场所违反消防安全规定使用、储存或销售易燃易爆危险品。

（9）托儿所、幼儿园的儿童用房以及老年人活动场所，所在楼层位置不符合国家工程建设消防技术标准的规定。

（10）人员密集场所的居住场所采用彩钢夹芯板搭建，且彩钢夹芯板芯材的燃烧性能等级低于《建筑材料及制品燃烧性能分级》（GB8624-2012）规定的 A 级。

49. 重大火灾隐患综合判定

（一）重大火灾隐患的综合判定要素

对于不符合直接判定的任一判定要素的火灾隐患，按照《重大火灾隐患判定方法》（GB 35181-2017）的规定进行综合判定。对于符合下列判定要素的，经综合判定，确定是否构成重大火灾隐患。

（1）总平面布置。

①未按国家工程建设消防技术标准的规定或者城市消防规划的要求设置消防车道或者消防车道被堵塞、占用。

②建筑之间的既有防火间距被占用或者小于国家工程建设消防技术标准的规定值的 80%，明火和散发火花地点与易燃易爆生产厂房、装置设备之间的防火间距小于国家工程建设消防技术标准的规定值。

③在厂房、库房、商场中设置员工宿舍，或者在住宅等民用建筑中从事生产、储存、经营等活动且不符合《住宿与生产储存经营合用场所

消防安全技术要求》（XF703–2007）的规定。

④地下车站的站厅乘客疏散区、站台及疏散通道内设置商业经营活动场所。

（2）防火分隔。

①原有防火分区被改变并导致实际防火分区的建筑面积大于国家工程建设消防技术标准规定值的50%。

②防火门、防火卷帘等防火分隔设施损坏的数量大于该防火分区相应防火分隔设施总数的50%。

③丙、丁、戊类厂房内有火灾或者爆炸危险的部位未采取防火分隔等防火防爆技术措施。

（3）安全疏散设施及灭火救援条件。

①建筑内的避难走道、避难间、避难层的设置不符合国家工程建设消防技术标准的规定，或者避难走道、避难间、避难层被占用。

②人员密集场所内疏散楼梯间的设置形式不符合国家工程建设消防技术标准的规定。

③除公共娱乐场所、商店、地下人员密集场所外的其他场所或者建筑物的安全出口数量或者宽度不符合国家工程建设消防技术标准的规定，或者既有安全出口被封堵。

④按国家工程建设消防技术标准的规定，建筑物应设置独立的安全出口或者疏散楼梯而未设置。

⑤商店营业厅内的疏散距离大于国家工程建设消防技术标准规定值的125%。

⑥高层建筑和地下建筑未按国家工程建设消防技术标准的规定设置疏散指示标志、应急照明，或者所设置设施的损坏率大于标准规定要求设置数量的30%；其他建筑未按国家工程建设消防技术标准的规定设置疏散指示标志、应急照明，或者所设置设施的损坏率大于标准规定要求设置数量的50%。

⑦设有人员密集场所的高层建筑的封闭楼梯间或者防烟楼梯间的门

的损坏率大于其设置总数的 20%；其他建筑的封闭楼梯间或者防烟楼梯间的门的损坏率大于其设置总数的 50%。

⑧人员密集场所内疏散走道、疏散楼梯间、前室的室内装修材料的燃烧性能等级不符合《建筑内部装修设计防火规范》（GB50222-2017）的规定。

⑨人员密集场所的疏散走道、楼梯间、疏散门或者安全出口设置栅栏、卷帘门。

⑩人员密集场所的外窗被封堵或者被广告牌等遮挡。

⑪高层建筑的消防车道、救援场地设置不符合要求或者被占用，影响火灾扑救。

⑫消防电梯无法正常运行。

（4）消防给水及灭火设施。

①未按国家工程建设消防技术标准的规定设置消防水源、储存泡沫液等灭火剂。

②未按国家工程建设消防技术标准的规定设置室外消防给水系统，或者已设置但不符合标准的规定或者不能正常使用。

③未按国家工程建设消防技术标准的规定设置室内消火栓系统，或者已设置但不符合标准的规定或者不能正常使用。

④除旅馆、公共娱乐场所、商店、地下人员密集场所外，其他场所未按国家工程建设消防技术标准的规定设置自动喷水灭火系统。

⑤未按国家工程建设消防技术标准的规定设置除自动喷水灭火系统外的其他固定灭火设施。

⑥已设置的自动喷水灭火系统或者其他固定灭火设施不能正常使用或者运行。

（5）防烟排烟设施。人员密集场所、高层建筑和地下建筑未按国家工程建设消防技术标准的规定设置防烟排烟设施，或者已设置但不能正常使用或者运行。

（6）消防供电。

①消防用电设备的供电负荷级别不符合国家工程建设消防技术标准的规定。

②消防用电设备未按国家工程建设消防技术标准的规定采用专用的供电回路。

③未按国家工程建设消防技术标准的规定设置消防用电设备末端自动切换装置，或者已设置但不符合标准的规定或者不能正常自动切换。

（7）火灾自动报警系统。

①除旅馆、公共娱乐场所、商店、其他地下人员密集场所以外的其他场所未按国家工程建设消防技术标准的规定设置火灾自动报警系统。

②火灾自动报警系统不能正常运行。

③防烟排烟系统、消防水泵以及其他自动消防设施不能正常联动控制。

（8）消防安全管理。

①社会单位未按消防法律法规要求设置专职消防队。

②消防控制室操作人员未按《消防控制室通用技术要求》（GB 25506-2010）的规定持证上岗。

（9）其他。

①生产、储存场所的建筑耐火等级与其生产、储存物品的火灾危险性类别不相匹配，违反国家工程建设消防技术标准的规定。

②生产、储存、装卸和经营易燃易爆危险品的场所或者有粉尘爆炸危险场所未按规定设置防爆电气设备和泄压设施，或者防爆电气设备和泄压设施失效。

③违反国家工程建设消防技术标准的规定使用燃油、燃气设备，或者燃油、燃气管道敷设和紧急切断装置不符合标准规定。

④违反国家工程建设消防技术标准的规定在可燃材料或者可燃构件上直接敷设电气线路或者安装电气设备，或者采用不符合标准规定的消防配电线缆和其他供配电线缆。

⑤违反国家工程建设消防技术标准的规定在人员密集场所使用易

燃、可燃材料装修、装饰。

（二）重大火灾隐患的综合判定标准

按照重大火灾隐患判定原则和程序，符合下列情形之一的，综合判定为重大火灾隐患。

（1）人员密集场所存在综合判定要素中"（3）安全疏散设施及灭火救援条件"第①款至第⑨款、"（5）防烟排烟设施"、"（9）其他"第③款规定的综合判定要素 3 条及 3 条以上的。

（2）易燃、易爆危险品场所存在综合判定要素中"（1）总平面布置"第①款至第③款、"（4）消防给水及灭火设施"第⑤款和第⑥款规定的综合判定要素 3 条及 3 条以上的。

（3）人员密集场所、易燃易爆危险品场所、重要场所存在综合判定要素规定的任意综合判定要素 4 条及 4 条以上的。

（4）其他场所存在综合判定要素规定的任意综合判定要素 6 条及 6 条以上的。

（三）重大火灾隐患的综合判定步骤

采用综合判定方法判定重大火灾隐患时，按照下列步骤进行综合判定，确定是否构成重大火灾隐患。

（1）确定建筑或者场所类别。

（2）确定建筑或者场所是否存在综合判定要素的情形和数量。

（3）按照上述重大火灾隐患判定原则和程序的规定，对照综合判定标准进行重大火灾隐患综合判定。

（4）对照重大火灾隐患判定方法中规定的不予判定为重大火灾隐患的情形，排除不予判定的重大火灾隐患。

50. 火灾隐患的整改

整改火灾隐患是一项系统工程，既要考虑当前现实，又要考虑长远规划；既要考虑人的因素，又要考虑物的因素；既要考虑技术先进可靠，又要考虑经济承受能力。应是安全和经济的统一，形式与效果的统一，并坚持"三不放过原则"。也就是隐患没查清不放过、整改措施不落实不放过、不彻底整改不放过。整改火灾隐患，按照其难易程度可分为当场整改和限期整改两种方法。

（1）当场整改。对整改比较简单，不需要花费较多时间、人力、物力以及财力的隐患，单位应当责成有关人员当场改正并督促落实。

①违章进入生产、储存易燃易爆危险物品场所的。

②违章使用明火作业或者在具有火灾、爆炸危险的场所吸烟、使用明火等违反禁令的。

③将安全出口上锁、遮挡，或者占用、堆放物品影响疏散通道畅通的。

④消火栓、灭火器材被遮挡影响使用或者被挪作他用的。

⑤常闭式防火门处于开启状态，防火卷帘下堆放物品影响使用的。

⑥消防设施管理、值班人员和防火巡查人员脱岗的。

⑦违章关闭消防设施、切断消防电源的。

⑧其他可以当场改正的行为。

违反上述规定的情况以及改正情况应当有记录并存档备查。

（2）限期整改。对不能当场整改的火灾隐患，根据本单位的管理分工，及时将存在的火灾隐患向单位的消防安全责任人或者消防安全管理人报告，提出整改方案。消防安全责任人或者消防安全管理人组织相关人员，确定整改的措施、期限以及负责整改的部门、人员，并落实整改资金。在火灾隐患消除之前，单位采取并落实防范措施，保障消防安全。不能确保消防安全，随时可能引发火灾或者一旦发生火灾将严重危及人身安全的，及时将危险部位停产停业整改。

火灾隐患整改完毕，负责整改的部门或者人员将整改情况记录报送消防安全责任人或者消防安全管理人，签字确认后存档备查。对于涉及城市规划布局而不能自身解决的重大隐患，以及机关、团体、事业单位确无能力解决的重大火灾隐患，单位提出解决方案并及时向其上级主管部门或者当地人民政府报告。对当地相关部门和机构责令限期改正的火灾隐患，单位要在规定的期限内改正，并写出火灾隐患整改复函，报送相关部门和机构。

51. 什么是燃烧

燃烧是指可燃物与氧化剂作用发生的放热反应，通常伴有火焰、发光和（或）烟气的现象。从化学反应的角度看，燃烧是一种特殊的氧化还原反应。氧化不仅仅限于同氧化合。

在燃烧过程中，燃烧区的温度较高，使其中白炽的固体粒子和某些不稳定（或受激发）的中间物质分子内的电子发生能级跃迁，从而发出各种波长的光。发光的气相燃烧区就是火焰，它是燃烧过程中最明显的标志。由于燃烧不完全等原因，气体产物中会混有微小颗粒，这样就形成了烟。

多数可燃物质的燃烧是在气体状态下进行的，而有的固体物质燃烧时不能成为气态，只发生氧气与固体表面的氧化还原反应。这种发生在固体表面的燃烧称为无焰燃烧，如木炭、焦炭、高熔点的金属等。发生在气体状态下的燃烧称为有焰燃烧。

52. 燃烧的特征

燃烧反应通常具有如下三个特征。

（1）生成新的物质

物质在燃烧前后性质发生了根本变化，生成了与原来完全不同的新物质。化学反应是这个反应的本质。如木材燃烧后生成木炭、灰烬以及二氧化碳和水蒸气。

（2）放热

凡是燃烧反应都有热量生成，这是因为燃烧反应都是氧化还原反应。氧化还原反应在进行时总是有旧键的断裂和新键的生成，断键时要吸收能量，成键时又放出能量。在燃烧反应中，断键时吸收的能量要比成键时放出的能量少，所以燃烧反应都是放热反应。

（3）发光和（或）发烟

大部分燃烧现象都伴有光和烟的现象，但也有少数燃烧只发烟而无光产生。燃烧发光的主要原因是由于燃烧时火焰中有白炽的炭粒等固体粒子和某些不稳定的中间物质的生成。

53. 燃烧的三个必要条件

燃烧的发生和发展，必须具备三个必要条件，即可燃物、助燃物和引火源，通常称为燃烧三要素。

（1）可燃物

能与空气中的氧气或其他氧化剂起化学反应，并形成燃烧的物质，称为可燃物，例如，木材、氢气、汽油、煤炭、纸张、硫等。按化学组成划分，可燃物可分为无机可燃物和有机可燃物两大类；按所处的状态划分，可燃物又可分为可燃固体、可燃液体和可燃气体三大类。

（2）助燃物

与可燃物结合能导致和支持燃烧的氧化剂，称为助燃物。普通的燃烧在空气中进行，助燃物是空气中的氧气。在一定条件下，不同可燃物在空气中发生燃烧，均有最低氧含量的要求。除氧气之外，助燃物还有氯气、硝酸铵、过氧化氢等。

（3）引火源

使物质开始燃烧的外部热源（能源）称为引火源（也称点火源）。常见的引火源有明火焰、电弧、电火花、炽热物体、化学反应热、雷击等。引发可燃物燃烧的引火源有最低能量的要求，但对不同可燃物、不同燃烧形式，在不同环境下，各类引火源导致燃烧的最低能量差异较大且难以测量。通常，最小点火能量仅针对一定条件下的可燃气体、蒸气和粉尘而言。

燃烧发生时，上述三个条件必须同时具备。

但要导致燃烧的发生，不仅需要满足三要素共存的条件，而且必须保证可燃物与助燃物混合浓度处于一定的范围之内。同时，点火能量也必须超过一定值，即三者达到一定的量，并且存在相互作用的过程。

54. 什么是燃烧的链式反应

燃烧是一种自由基（游离基）的链式反应，自由基是一种高度活泼的化学基团，容易自行结合或与其他物质的分子反应，生成稳定的分子或新的自由基，从而使燃烧按链式反应的形式扩展。

有焰燃烧是典型的链式反应过程。燃料分子在光照或加热等条件下被活化，和氧共同作用产生自由基，如 OH^- 和 H^+，并靠这些具有很高能量的自由基进行链传递，维持燃烧的持续进行，最后生成二氧化碳和水等稳定分子。

链式反应过程经过链引发、链传递和链终止三个阶段。对于多数有焰燃烧而言，其燃烧过程中都存在自由基作为中间体，形成未受抑制的链式反应。因此，有焰燃烧的四个条件，即可燃物、助燃物、引火源和未受抑制的链式反应。

55. 按燃烧形成的条件和发生瞬间的特点，燃烧可分为哪几类

按照燃烧形成的条件和发生瞬间的特点，燃烧可分为着火和爆炸。

（1）着火

着火是燃烧的开始，以释放热量并伴有烟、火焰或两者兼有为特征，与是否由外部热源引发无关。着火是日常生活中常见的燃烧现象。可燃物的着火方式一般分为下列两类。

①点燃（或称强迫着火）

可燃物因受外部点火热源加热，引发局部火焰，并相继发生火焰传播至整个可燃混合物的现象称为点燃或强迫着火。点火热源通常可以是电热线圈、电火花、炽热体和点火火焰等。

②自燃

可燃物质在没有外部火源的作用时，因受热或自身发热并蓄热所产生的自行着火现象，称为自燃。根据热源的不同，自燃可以进一步分为化学自燃和热自燃。可燃物发生自燃的最低温度称为自燃点。

化学自燃。这类着火现象通常不需要外界加热，而是在常温下依据自身的化学反应发生的，习惯上称为化学自燃。例如，火柴受摩擦而着

火，金属钠在空气中自燃，煤炭因堆积过高而自燃等。

热自燃。如果将可燃物和氧化剂的混合物预先均匀地加热，随着温度的升高，当混合物加热到某一温度时便会自动着火（这时着火发生在混合物的整个容积中），这种着火方式习惯上称为热自燃。

（2）爆炸

爆炸是指物质由一种状态迅速地转变成另一种状态，并在瞬间释放出巨大的能量，或是气体、蒸气在瞬间发生剧烈膨胀等现象。爆炸最重要的一个特征是爆炸点周围发生剧烈的压力突变，这种压力突变就是爆炸产生破坏作用的原因。作为燃烧类型之一的爆炸主要指化学爆炸。

56. 按燃烧物形态，燃烧可分为哪几类

可燃物质受热后，按燃烧物形态，分为气体燃烧、液体燃烧和固体燃烧。可燃物质的性质、状态不同，燃烧的特点也不同。

（1）气体燃烧

可燃气体的燃烧一般经过受热、分解、氧化等过程，其所需热量仅用于氧化或分解，将气体加热到燃点。因此，相对于固体、液体需要经熔化、蒸发等过程，可燃气体一般更容易燃烧且燃烧速度更快。

（2）液体燃烧

液体燃烧的特点主要体现在其燃烧过程及特殊的燃烧现象。

液体可燃物燃烧时，火焰并不紧贴在液面上，而是在空间的某个位置。这表明在燃烧之前，液体可燃物先蒸发形成可燃蒸气，可燃蒸气发生扩散并与空气掺混形成可燃混合气，着火燃烧后在空间某处形成火焰。液体可燃物能否发生燃烧与液体的蒸气压、闪点、沸点和蒸发速率等参数密切相关，燃烧速率的快慢与液体可燃物的燃点和化学活性密切相关。

对于不同类别的可燃液体，因其物理、化学性质的差异，燃烧特征也有所不同。可燃液态烃类燃烧时，通常产生橘色火焰并散发浓密的黑色烟云；醇类燃烧时，通常产生透明的蓝色火焰，几乎不产生烟雾；某些醛类燃烧时，液体表面伴有明显的沸腾状，这类物质的火灾较难扑灭。

（3）固体燃烧

根据各类可燃固体的燃烧方式和燃烧特性，固体燃烧的形式大致可分为四种，其燃烧各有特点。

①蒸发燃烧

硫、磷、钾、钠、蜡烛、松香等可燃固体熔点较低，在受到火源加热时，先熔融蒸发，随后蒸气与氧气发生燃烧反应，这种形式的燃烧一般称为蒸发燃烧。樟脑、萘等易升华物质，在燃烧时不经过熔融过程，但其燃烧现象也可看作一种蒸发燃烧。

②表面燃烧

木炭、焦炭、铁、铜等可燃固体的燃烧，会在其表面由氧气和可燃物直接作用而发生，这种燃烧方式称为表面燃烧。表面燃烧是一种无焰燃烧，有时又称为异相燃烧。

③分解燃烧

可燃固体在受到火源加热时，先发生热解、气化反应，随后分解出的可燃性气体与氧气发生燃烧反应，形成气相火焰，这种形式的燃烧一般称为分解燃烧。固体可燃物的热解、气化过程十分复杂，与可燃物种类、尺寸、加热速度、加热时间、最终温度、环境压力等多种参数有关，其反应机制研究相当困难。常见的天然物质，如木材、草、棉花、煤等，以及人工合成物质，如橡胶、塑料、纺织品等，都能发生分解燃烧。

④阴燃

可燃固体在空气不流通、加热温度较低、分解出的可燃挥发成分较少或逸散较快、含水分较多等条件下，往往发生只冒烟而无火焰的燃烧现象，称为阴燃。阴燃是固体材料特有的燃烧形式，但其能否发生主要取决于固体材料自身的理化性质及其所处的外部环境。很多固体材料（如纸张、锯末、纤维织物、胶乳橡胶等）都能发生阴燃。这是因为这些材料受热分解后能产生刚性结构的多孔碳，从而具备多孔蓄热并持续燃烧的条件。

阴燃的发生需要有一个供热强度适宜的热源，通常有自燃热源、阴燃本身的热源和有焰燃烧火焰熄灭后的热源等。阴燃在一定条件下也会转化为明火，转化的过程与可燃物种类、状态、尺寸和外界条件有关。

上述各种燃烧形式的划分不是绝对的，有些可燃固体的燃烧往往包含两种或两种以上的形式。例如，在适当的外界条件下，木材、棉、麻、纸张等的燃烧会明显地存在表面燃烧、分解燃烧、阴燃等形式。

57. 按可燃物与助燃物混合方式分类，燃烧可分为哪几类

按照可燃物与助燃物在燃烧前是否接触、是否充分混合，有焰燃烧可分为扩散燃烧和预混燃烧。

（1）扩散燃烧

可燃物与助燃物分子在进入燃烧反应区之前没有充分接触、混合的燃烧称为扩散燃烧。家用煤气燃烧、固体燃烧、可燃液体液面燃烧等是最常见的扩散燃烧。扩散燃烧过程主要受扩散混合过程控制。

（2）预混燃烧

可燃物与助燃物分子在进入燃烧反应区之前已经相互接触、充分混合的燃烧称为预混燃烧。密闭空间内，可燃气体泄漏与空气混合后遇点火源发生的爆炸，属于预混燃烧。预混燃烧过程主要受反应动力学控制。

58. 什么是燃烧产物

由燃烧或热解作用产生的全部物质称为燃烧产物，分为完全燃烧产物和不完全燃烧产物。完全燃烧产物是指可燃物中的 C 被氧化生成 CO_2（气）、H 被氧化生成 H_2O（液）、S 被氧化生成 SO_2（气）等；而一氧化碳、氨气、醇类、醛类、醚类等是不完全燃烧产物。燃烧产物的数量、组成等随物质的化学组成及温度、空气的供给情况等的变化而不同。

燃烧产物中的烟主要是燃烧或热解作用所产生的悬浮于大气中直径一般在 1 纳米 ~ 1 微米的极小炭粒子；大直径的粒子容易从烟中落下来，称为烟尘或炭黑。炭粒子的形成过程比较复杂，例如，碳氢可燃物在燃烧过程中，会因受热裂解产生一系列中间产物，中间产物还会进一步裂解成更小的碎片，这些小碎片会发生脱氢、聚合、环化等反应，最后形成石墨化炭粒子，构成烟。

59. 燃烧产物对灭火工作的影响

燃烧产物与灭火工作有密切的关系。它对灭火工作的影响既有有利的方面，也有不利的方面。

（1）有利的影响

①在一定条件下有阻燃作用。完全燃烧的燃烧产物都是不燃的惰性物质，如二氧化碳、水蒸气等。如果是室内火灾，随着这些惰性物质的增加，空气中的氧浓度就会相对减少，燃烧速度也会减慢，如果能关闭通风的门窗、孔洞，就会使燃烧速度减慢，直至停止燃烧。

②为火情侦察提供依据。不同的物质燃烧，不同的燃烧温度，在不同的风向条件下，烟的气味、颜色、浓度、流动方向也是不一样的。通过烟的这些特征，消防人员可以大致判断出燃烧物质的种类、火灾发展阶段、火势蔓延方向等。

（2）不利的影响

①引起人员中毒、窒息。燃烧产物中有不少毒性气体，如一氧化碳、二氧化硫、五氧化二磷、氯化氢、氧化氮等对人体有麻醉、窒息、刺激的作用。这些燃烧产物妨碍人们的正常呼吸、逃生，也给消防人员的灭火工作带来困难。

②会使人员受伤。燃烧产物的烟气中载有大量的热，人在这种高温、湿热环境中极易被烫伤。

③影响视线。燃烧产生大量烟雾，影响人的视线，使能见度大大降低，人在浓烟中往往辨不清方向，给灭火、人员疏散工作带来困难。

④成为火势发展、蔓延的因素。燃烧产物有很高的热能，极易造成轰燃或因对流或热辐射引起新的火点。

60. 固体可燃物在火灾中是如何蔓延的

固体可燃物的燃烧过程比气体、液体可燃物的燃烧过程要复杂得多，影响因素也很多。

（1）影响因素

固体可燃物一旦着火燃烧后，就会沿着可燃物表面蔓延。蔓延速度与环境因素和材料特性有关，其大小决定了火势发展的快慢。

①固体的熔点、热分解温度越低，其燃烧速率越快，火灾蔓延速度也越快。

②外界环境中的氧浓度增大，火焰传播速度加快。

③风速增加也有利于火焰的传播，但风速过大会吹灭火焰。空气压力增加，提高了化学反应速率，加速了火焰传播。

相同的材料，在相同的外界条件下，火焰沿材料的水平方向、倾斜方向及垂直方向的传播蔓延速度也不相同。在无风的条件下，火焰形状基本是对称的，由于火焰的上升而夹带的空气流在火焰四周也是对称的，火焰将会逆着空气流的方向向四周蔓延。火焰向材料表面未燃烧区域的传热方式主要是热辐射，但在火焰根部对流换热占主导地位。

有风时，火焰顺着风向倾斜。火焰和材料表面间的热辐射不再对称。在上风侧，火焰逆风方向传播。然而，辐射角系数较小，辐射热可忽略不计，气相热传导是主要的传热方式，因此火焰传播速度非常慢，甚至不能传播。而在下风侧，火焰和材料表面间的传热主要为热辐射和对流换热，辐射角系数较大，所以火焰传播速度较快。

（2）薄片状固体可燃物火灾的蔓延

纸张、窗帘、幕布等薄片状固体一旦着火燃烧，其火灾的蔓延规律与一般固体相比有显著的特点。这是因为这种固体可燃物面积大、厚度小、热容量小，受热后升温快。并且这种火的蔓延速度较快，对整个火灾过程的发展影响大，应当作为早期灭火的主要对象。

特别是幕布、窗帘等可燃物，平时垂直放置。由于火灾过程的热浮力作用，火灾蔓延速度更快。

61. 液体可燃物在火灾中是如何蔓延的

液体可燃物的燃烧可分为喷雾燃烧和液面燃烧两种，火焰可在喷雾中和液面上传播，使火灾蔓延。

（1）喷雾中火灾的蔓延

当输油管道或者储油罐破裂时，大量燃油从裂缝中喷出，形成油雾，一旦着火燃烧，火灾就会蔓延。在这种条件下形成的喷雾条件一般较差，雾化质量不高，产生的液滴直径较大。而且液滴所处的环境温度为室温，所以液滴蒸发速率较小，着火燃烧后形成油雾扩散火焰。

液滴群火焰传播特性与燃料性质（如分子量和挥发性）有关，分子量越小，挥发性越好，其火焰传播速度接近于气体火焰传播速度。影响液滴群火焰传播速度的另一个重要因素是液滴的平均粒径。例如，四氢化萘液雾的火焰传播，当液滴直径小于 10 微米时，火焰呈蓝色连续表面，传播速度与液体蒸汽和空气的预混气体的燃烧速率相类似；当液滴直径在 10 ～ 40 微米时，既有连续火焰面形成的蓝色，还夹杂着黄色和白色的发光亮点，火焰区呈团块状，表明存在着单个液滴燃烧形成的扩散火焰；当液滴直径超过 40 微米时，火焰已不形成连续表面，而是从一颗液滴传到另一颗液滴。火焰能否传播以及火焰的传播速度都将受到液滴间距、液滴尺寸和液体性质的影响。当一颗液滴所放出的热量足以使邻近液滴着火燃烧时，火焰才能传播下去。

（2）液面火灾的蔓延

可燃液体表面在着火之前会形成可燃蒸汽与空气的混合气体。当液体温度超过闪点时，液面上的蒸汽浓度在爆炸浓度范围之内，这时若有点火源，火焰就会在液面上传播。当液体的温度低于闪点时，由于液面上蒸汽浓度小于爆炸浓度下限，因此用一般的点火源是不能点燃的，也就不存在火焰的传播。但是，若在一个大液面上，某一端有强点火源使低于闪点的液体着火，因为火焰向周围液面传递热量，使周围液面的温度有所升高，蒸发速率有所加快，这样火焰就能继续传播蔓延。并且液体温度比较低，这时的火焰传播速度比较慢。当液体温度低于闪点时，火焰蔓延速度较慢，当液体温度超过闪点后，火焰蔓延速度急剧加快。

（3）含可燃液体的固面火灾蔓延

当可燃液体泄漏到地面（如土壤、沙滩）上，地面就成了含有可燃物的固体表面，一旦着火燃烧就形成了含可燃液体的固面火灾。

①可燃液体闪点对火灾蔓延的影响。含可燃液体的固面火灾的蔓延

与可燃液体的闪点有关，当液体初温较高，尤其超过闪点时，含可燃液体的固面火灾的蔓延速度较快。随着风速增大，含可燃液体的固面火灾的蔓延速度减小，当风速达到某一值之后，蔓延速度急剧下降，甚至灭火。

②地面沙粒的直径对火灾蔓延的影响。地面沙粒的直径也会影响含可燃液体的固面火灾的蔓延。并且随着粒径的增大，火灾蔓延速度不断减小。

62. 气体可燃物在火灾中是如何蔓延的

可燃气体与空气混合后可形成预混合可燃混合气，一旦着火燃烧，就形成了气体可燃物的火灾蔓延。

预混气的流动状态对燃烧过程有很大的影响。流动状态不同，产生的燃烧形态就不同，处于层流状态的火焰因可燃混合气流速不高没有扰动，火焰表面光滑，燃烧状态平稳。火焰通过热传导和分子扩散把热量和活化中心（自由基）供给邻近的尚未燃烧的可燃混合气薄层，可使火焰传播下去。这种火焰称为层流火焰。

当可燃混合气流速较高或者流通截面较大、流量增大时，流体中将产生大大小小数量极多的流体涡团，做无规则的旋转和移动。在流动过程中，穿过流线前后和上下扰动。火焰表面皱褶变形，变短变粗，翻滚并发出声响。这种火焰称为湍流火焰。与层流火焰不同，湍流火焰面的热量和活性中心（自由基）不向未燃混合气输送，而是靠流体的涡团运动来激发和强化，由流体运动状态支配。同层流燃烧相比，湍流燃烧要更为激烈，火焰传播速度要大得多。

预混气的燃烧有可能发生爆轰。发生爆轰时，其火焰传播速度非常快，一般超过音速，产生压力也非常高，并对设备产生非常严重的破坏。

63. 什么是爆炸

爆炸：在极短时间内，释放出大量能量，产生高温，并放出大量气体，在周围介质中造成高压的化学反应或状态变化，同时破坏性极强。

空气和可燃性气体的混合气体的爆炸，空气和煤屑、面粉的混合物爆炸等，都由化学反应引起，而且都是氧化反应。但爆炸并不都与氧气有关，如氯气与氢气混合气体的爆炸；且爆炸并不都是化学反应，如蒸汽锅炉爆炸、汽车轮胎爆炸，是物理变化。

64. 爆炸按照初始能量可分为几种

按照爆炸的初始能量不同，爆炸可分为以下六种。如下表所示：

类型	反应方式	爆炸效应	应用或自然现象
核爆炸	原子核的裂变或聚变	中子辐射、光辐射、热辐射、冲击波、火球	核武器
化学爆炸	爆轰（炸药） 爆燃（火药）	冲击波、火球	爆破工程、瓦斯和粉尘爆炸、爆炸加工、常规武器发射药、矿山和水利建设
电爆炸	电能转化为机械能	冲击波、火球	水下放电、雷电
物理爆炸	一种机械能转化为另一种形式的机械能	冲击波、飞散物	高压容器爆炸、火山爆发
高速碰撞	一种机械能转化为另一种形式的机械能	冲击波、成坑、击穿、崩落	弹丸穿甲、陨石碰撞

类型	反应方式	爆炸效应	应用或自然现象
激光、X射线或其他高能粒子束照射引起的爆炸	粒子束能量转化为机械能	成坑、击穿、崩落	激光或粒子束武器

65. 爆炸的必备条件

爆炸必须具备的五个条件。

（1）提供能量的可燃性物质，即爆炸性物质。包括：能与氧气（空气）反应的氢气、乙炔、甲烷等气体；酒精、汽油等液体；粉尘、纤维粉尘等固体。

（2）辅助燃烧的助燃剂（氧化剂），如氧气、空气。

（3）可燃物质与助燃剂的均匀混合。

（4）混合物放在相对封闭的空间（包围体）。

（5）有足够能量的点燃源：包括明火、电气火花、机械火花、静电火花、高温、化学反应、光能等。

66. 爆炸会造成哪些伤害

爆炸时，气体在高温下（可以达到3000摄氏度左右）急速膨胀，形成高压气团，最终形成一个灼热且冲击力巨大的空气波向四周高速传播，带来一系列伤害。

（1）空气冲击

爆炸时会产生空气冲击波，严重时会震碎骨骼，甚至直接撕裂肢体，造成损伤。有一些器官，更容易受到冲击。

耳：鼓膜破裂、听小骨移位、内耳的伤害等；

肺：肺实质出血、肺挫伤、气胸、空气栓塞等；

脑：颅脑损伤等；

肠胃道：器官破裂及出血。

越靠近爆炸中心产生的压力会相对越大。

（2）烧伤

浅层烧伤时，皮肤一般呈红色，往往有水泡产生，感到疼痛；严重烧伤造成的皮肤损伤，可能是白色或炭黑色，痛感可能反而不强烈。

如果嘴唇周围有灼伤，或鼻毛被烧焦，咳黑色痰，说明可能累及呼吸道烧伤。

（3）碎片冲击

爆炸后的碎片，由于始速度很大，可以比子弹更快；加之本身的质量，有时甚至比高速步枪的子弹的动能还大。

碎片的速度、距离、形状，伤者的防护情况，击中的部位等，决定了此种伤害的严重程度。

通常情况下，越是离爆炸点近的人，打入体内的碎片的数量越多。如果碎片击伤重要的器官，或伤及大血管造成大出血时，情况会更加危急。

爆炸形成的冲击波，还可能造成建筑物毁坏、倒塌，如果不幸被砸到，可能会导致损伤。

67. 典型爆炸性危险物质

　　爆炸性气体、易燃液体和闪点低于或等于环境温度的可燃液体、爆炸性粉尘或易燃纤维等统称为爆炸性危险物质。

　　根据日常使用情况，几种典型的爆炸性危险物质的主要特征如下。

　　（1）液化石油气。液化石油气是从石油加工或石油、天然气开采过程中得来的，其主要成分是丙烷、丙烯、丁烷和丁烯。气态液化石油气比空气重，其比重为空气的 1.5 ~ 2.0 倍。液化石油气爆炸极限为 1.5% ~ 9.5%，与空气混合后易燃、易爆。

　　（2）天然气。天然气是气态碳氢化合物，具有可燃性，主要成分为甲烷，还含有少量乙烷、丁烷、戊烷、二氧化碳、一氧化碳、硫化氢等。比重约为 0.65，比空气轻，具有无色、无味、无毒的特性。由于其主要成分甲烷的爆炸极限为 5% ~ 15%，因此天然气遇火会引起规模不等的爆炸。

　　（3）煤粉。煤加工成煤粉后，颗粒尺寸一般为 0 ~ 50 微米，具备良好的流动性，干的煤粉能吸附大量空气。积存煤粉与空气中的氧气长期接触氧化，会使温度升高，从而进一步加速煤粉氧化，如散热不良会使氧化过程不断加剧，从而引起煤粉自燃。在制粉系统中，煤粉是由气体来输送的，气体和煤粉混合成云雾状的混合物，一旦遇火花就会使火源扩大而产生较大压力，从而造成煤粉爆炸。

　　（4）铝粉。铝有还原性，极易氧化，在氧化过程中放热。铝粉遇湿易燃，与氧化性物质混合会形成爆炸性混合物。

　　（5）面粉。面粉主要由淀粉构成，是一种可燃性物质。当研磨成细小颗粒后，表面积增大，遇火源燃烧，并产生大量热，生成二氧化碳和水蒸气，在高温下，引起气体体积迅速膨胀，产生压力，导致爆炸。面粉的爆炸浓度下限较低，为 9.7 克 / 平方米。

68. 典型爆炸性危险场所

（1）爆炸性危险物质储存场所

爆炸性危险物质储存场所指用于储存可燃液体、气体、固体物品的场所，包括可燃物品储罐、仓库或其他存放点，如石油罐区、LPG 储罐、LNG 储罐、煤粉仓库、面粉仓库等。这类场所由于储存的物品具有易爆性，且存储量超过爆炸临界量，一旦管理不善，导致储存物品泄漏、受潮、挥发，形成爆炸性混合物，极易引发爆炸事故。

（2）爆炸性危险物质传输管道

爆炸性危险物质传输管道指用于传输可燃液体、气体、粉尘的压力管道，包括长输管道、公用管道和工业管道。这类场所由于保有超过临界量的可燃、易燃液体或气体介质，且管网长期处于高压状态，一旦发生锈蚀、外力碰撞、收缩变形等情况，极易造成管网破裂、物料泄漏，在局部空间内迅速达到爆炸极限，遇引火源而引发爆炸事故。

（3）爆炸性危险物质生产场所

爆炸性危险物质生产场所指在生产过程中，采用易爆物质做原料或工艺流程中产生易爆物质的工业生产场所。这类场所会由于结构设计不合理、零配件选配不当、选材不当或材料质量有问题，导致生产设备不能满足工艺操作要求，或由于违反操作规程、违章作业致使出现设备内超温、超压等现象引发爆炸事故。

了解典型爆炸危险源，能够及时预判事故防范和安全管理的重点部位和区域，通过加强爆炸危险源基本要素的严格管控，可有效遏制爆炸事故的发生，减少事故对人员生命和财产安全的危害。

第三章

防范火灾风险，保障生命安全

69. 常见的点火源有哪些

常见的点火源有以下八种。

（1）明火。例如火炉、火柴、烟道喷出火星、气焊和电焊喷火等。

（2）高热物及高温表面。例如加热装置、高温物料的输送管、冶炼厂或铸造厂里熔化的金属等。

（3）电火花。例如高电压的火花放电、开闭电闸时的弧光放电等。

（4）静电火花。例如液体流动引起的带电、人体的带电等静电火花。

（5）摩擦与撞击。例如机器上轴承转动的摩擦、磨床和砂轮的摩擦、铁器工具相撞等。

（6）物质自行发热。例如油纸、油布、煤的堆积，金属钠接触水发生反应等。

（7）绝热压缩。如硝化甘油液滴中含有气泡时，被落锤冲击受到绝热压缩，瞬时升温，可使硝化甘油液滴被加热至着火点而爆炸。

（8）化学反应热及光线和射线等。

70. 如何控制和消除点火源

为预防火灾及爆炸，对点火源进行控制是一个重要措施。应从以下方面入手。

（1）明火的控制

生产中的明火主要是指生产过程中的加热用火、维修用火及其他火源。加热易燃液体时，应尽量避免采用明火，而采用水蒸气、过热水、中间载热体或电热等。

①在有火灾爆炸危险的场所，应有醒目的"禁止烟火"标志，严禁动火吸烟。吸烟应到专设的吸烟室，不准乱扔烟头和火柴余烬。

②在有火灾爆炸危险的场所进行焊割作业时应严格按规定办理动火批准手续，领取动火证，在采取安全防护措施、确保安全无误后，才可动火作业。操作人员必须有合格证，作业时必须遵守安全技术规程。

③产生火星设备的排空系统，如汽车、拖拉机等，为防止机动车辆排气管喷火引起火灾，在汽车、拖拉机等内燃机的废气排出口和烟囱上安装火星熄灭装置，以防止飞出火星引燃周围的易燃易爆介质或可燃物。

④如果必须使用明火，设备应严格密闭，燃烧室应与设备、建筑分开或隔离。

（2）摩擦与撞击火花的控制

当两个表面粗糙的坚硬物体互相猛烈撞击或剧烈摩擦时，有时会产生火花，机器中轴承等转动部分的摩擦，铁器的相互撞击或铁器工具打击混凝土地坪等都可能产生火花，当管道或铁质容器裂开物料喷出时也可能因摩擦而起火花。为避免这类火花产生，必须做到如下方面。

①机械轴承缺油、润滑不均等，会摩擦生热，具有引起附着可燃物着火的危险。要对机械轴承等转动部位及时加油，保持良好润滑，并注意经常清扫附着的可燃污垢。

②金属机件摩擦和碰撞，钢铁工具相互撞击或与混凝土地面撞击，均能产生火花，因此凡是撞击的两部分应采用两种不同的金属制成。不能使用特种金属制造的设备，应采用惰性气体保护或真空操作。在有爆炸危险的甲、乙类生产厂房内，禁止穿带钉子的鞋，地面应用摩擦和碰撞撞击不产生火花的材料铺筑。

③物料中的金属杂质以及金属零件、铁钉等落入反应器、粉碎机、提升机等设备内，由于铁器与机件的碰击，能产生火花而招致易燃物料

着火或爆炸。因此应在有关机器设备上装设磁力离析器，以捕捉和剔除金属硬质物；对研磨、粉碎特别危险物料的机器设备，宜采用惰性气体保护。

④搬运盛装有可燃气体和易燃液体的金属容器时，不要抛掷、拖拉、震动。

（3）防止日光照射和聚光作用

直射的日光通过凸透镜、圆烧瓶或含有气泡的玻璃时，会被聚集的光束形成高温而引起可燃物着火。因此，应采取如下措施加以防范，保证安全。

①不准用椭圆形玻璃瓶盛装易燃液体，用玻璃瓶储存时，不准露天放置。

②乙醚必须存放在金属桶内或暗色的玻璃瓶中，并在每年4—9月限以冷藏运输。

③受热易蒸发分解气体的易燃易爆物质不得露天存放，应存放在避光的专门库房内。

④储存液化气体和低沸点易燃液体的固定储罐表面，无绝热措施时应涂以银灰色，并设冷却喷淋设备，以便夏季防暑降温。

⑤易燃易爆化学物品仓库的门窗外部应设置遮阳板，其窗户玻璃宜采用磨砂玻璃或涂刷白漆。

（4）电气火花的控制

电气火花是一种电能转变成热能的常见点火源，电气火花的温度很高，特别是电弧，其温度可高达3000摄氏度～6000摄氏度。

①应根据生产的具体情况，首先考虑把电气设备安装在危险场所以外或隔离，并尽量少用便携式电气设备。

②爆炸危险场所的电气设备，应按规定选用相应的防爆设备。

（5）静电火花的控制

防止静电放电引起火灾或爆炸，应该从限制静电的产生和静电荷的积累两方面入手。

①从工艺上抑制静电火花的产生。即通过合理设计和选择设备材质，控制设备内物料的流速，控制物料中的杂质和水分等减少静电荷的产生。

②通过泄漏导走法或中和法消除静电荷。即通过增加火灾爆炸危险环境的空气湿度、在物料中加抗静电剂以及静电接地、通过安装静电消除器等措施消除静电荷。

③人体防静电措施。即通过接地，穿防静电鞋、防静电服以及加强防静电安全操作等防止人体静电引起火灾爆炸事故。

（6）其他火源的控制

要防止易燃易爆物件与高温的设备、管道表面相接触。可燃物料排放口应远离高温表面，高温表面要有隔热保温措施，不能在高温管道和设备上烘烤衣服及其他可燃物件。

71. 火灾防范的原则

（1）严格控制火源；

（2）加强可燃物的管理；

（3）采用耐火建筑；

（4）阻止火焰的蔓延；

（5）组织训练消防队伍；

（6）配备相应的消防器材。

72. 防火的基本方法与措施

预防火灾发生的基本方法应从限制燃烧的三个基本条件入手，并避免它们相互作用。

（1）控制可燃物

在条件允许的情况下，控制可燃物的做法通常有以下几种：用难燃、不燃材料代替可燃材料，例如，用水泥代替木材建造房屋；降低可燃物质（通常指可燃气体、粉尘等）在空气中的浓度；在车间或库房采取全面通风或局部排风，使可燃物不易积聚；将可燃物与化学性质相抵触的其他物品隔离保存，并防止"跑、冒、滴、漏"等。

（2）隔绝助燃物

对于一些易燃物品，可采取隔绝空气的方法储存，例如，钠存于煤油中、磷存于水中、二硫化碳用水封存等。在有的生产、施工环节，可以通过在设备容器中充装惰性介质保护的方式来隔绝助燃物，例如，水入电石式乙炔发生器在加料后，用惰性介质氮气吹扫；燃料容器在检修焊补（动火）前，用惰性介质置换等。

（3）控制引火源

在多数场合，可燃物在生产、生活中的存在不可避免，作为最常见助燃物的氧气也几乎无处不在，所以防火防爆技术的重点应是对引火源的控制。在生产加工过程中，各类必要的热能源即可能成为导致火灾发生的引火源，故须采取合理的技术手段和管理措施加以控制，既要保证安全生产的需要，又要设法避免引起火灾爆炸。对于几类常见引火源，通常的做法有禁止明火、控制温度、使用无火花和静电消除设备、接地避雷、设置火星熄灭装置等。

73. 火灾报警器的种类

（1）火灾探测器

火灾探测器可以对火灾现场进行探测，从而发现起火设备。

（2）报警按钮

主要有两种，一种是消火栓按钮，另一种是手动火灾报警按钮。当人员发现火灾时，可以立刻将报警按钮按下，从而发出火灾信号。

（3）火灾报警控制器

该设备能够接收火灾信号，然后将火灾报警装置打开，同时还能用于指示起火的位置及记录火灾相关信息。

（4）多功能报警器

它的主机配了有线及无线防区，而且还能与有线门磁及有线探头等设备相连接，十分实用。

74. 火灾报警器的主要功能

（1）电气火灾监控报警功能，能以两总线制方式挂接 EI 系列剩余电流式电气火灾监控探测器，接收并显示火灾报警信号和剩余电流监测信息，发出声、光报警信号。

（2）联动控制功能，能够通过联动盘控制电气火灾监控探测器的脱扣信号输出，切断供电线路，或控制其他相关设备。

（3）故障检测功能，能自动检测总线（包括短路、断路等）、部件故障、电源故障等，能以声、光信号发出故障警报，并通过液晶显示故障发生的部位、时间、故障总数以及故障部件的地址、类型等信息。

（4）屏蔽功能，能对每个电气火灾监控探测器进行屏蔽。

（5）网络通信功能，具有 RS-232 通信接口，可连接电气火灾图形监控系统或其他楼宇自动化系统，自动上传电气火灾报警信息和剩余电流、温度等参数，进行集中监控、集中管理。

（6）系统测试功能，能登录所有探测器的出厂编号及地址，根据出厂编号设置地址，可显示电气火灾监控探测器的剩余电流检测值，能够单独对某一探测点进行自检。

（7）事故记录功能，能自动存储监控报警、动作、故障等历史记录以及联动操作记录、屏蔽记录、开关机记录等。

（8）打印功能，能自动打印当前监控报警信息、故障报警信息和联动动作信息，并能打印设备清单等。

（9）为防止无关人员误操作，通过密码，限定操作级别，密码可任意设置。

（10）能进行主、备电自动切换，并具有相应的指示，备电具有欠压保护功能，避免蓄电池因放电过度而损坏。

75. 消防燃气报警器的安装注意事项

（1）如检测天然气、人工煤气，由于其密度小于空气，泄漏后向上方散逸，因此消防燃气报警器应安装在距离天花板 30 ~ 60 厘米处。

（2）如检测液化石油气，由于其密度大于空气，泄漏后向下方散逸，因此消防燃气报警器安装应在距离地面 30 ~ 60 厘米处。

（3）安装位置与燃气灶、燃气热水器等泄漏源的水平距离在 1 ~ 2 米之间。

76. 什么是火灾报警按钮

火灾报警按钮是手动触发式的火灾报警器。它具有在应急情况下人工手动通报火警或确认火警的功能。

当人们发现火灾后，可通过装于走廊、楼梯口等处的手动报警开关进行人工报警。手动报警开关为装于金属盒内的按键，一般将金属盒嵌入墙内，外露红色外框的保护罩。人工确认火灾后，敲破保护罩，将键按下，此时，一方面就地的报警设备（如火警讯响器、火警电铃）动作，另一方面手动信号还送到区域报警器，发出火灾警报。像探测器一样，手动报警开关也在系统中占有一个部位号。有的手动报警开关还具有动作指示、接受返回信号等功能。

手动报警按钮的紧急程度比探测器报警紧急，一般不需要确认。所以手动按钮要求更可靠、更确切，处理火灾要求更快。手动报警按钮宜与集中报警器连接，且应单独占用一个部位号。

因为集中控制器设在消防室内，能更快采取措施，所以当没有集中报警器时，它才接入区域报警器，但应占用一个部位号。

77. 消防喷淋头在什么情况下会自动喷出水进行灭火

（1）闭式消防喷淋系统

平时屋顶消防水箱装满水，当发生火灾时达到一定温度后（一般是68摄氏度）喷头镀铬熔化，管内的水在屋顶消防水箱的作用下自动喷出，这时湿式报警阀会自动打开，阀内的压力开关自动打开，而这个压力开关有根信号线和消防泵连锁，消防泵就自动启动了。然后喷淋泵把水池的水通过管道提供到管网，整个消防系统开始工作。

（2）开式消防喷淋系统

①有的是系统装有烟感探头对烟气进行侦测，当烟气达到一定浓度时，感烟探头报警，经主机确认后反馈到声光报警器动作，发出声音或闪烁灯光警告人们，并联动消防排烟风机启动，开始排烟，同时打开雨淋阀的电磁阀，再联动喷淋泵，开式喷头直接喷水。

②有的是对温度感应后开始工作。

78. 消防安全标志的含义及分类

消防安全标志是由几何图形、安全色、表示特定消防安全信息的图形符号构成的标志，用以表达与消防有关的安全信息。根据国家标准《消防安全标志第 1 部分：标志》（GB13495.1—2015），消防安全标志在几何形状、安全色及对比色、图形符号色等方面有明确要求，具体如下表。

几何形状	安全色	安全色的对比色	图形符号色	含义
正方形	红色	白色	白色	标示消防设施（如火灾报警装置和灭火设备）
正方形	绿色	白色	白色	提示安全状况（如紧急疏散逃生）
带斜杠的圆形	红色	白色	黑色	表示禁止
等边三角形	黄色	黑色	黑色	表示警告

消防安全标志根据其功能可分为以下六类。

（1）火灾报警装置标志

消防按钮
FIRE CALL POINT

标示火灾报警按钮和消防设备启动按钮的位置

消防电话
FIRE TELEPHONE

标示火灾报警系统中消防电话及插孔的位置

发生警报器
FIRE ALARM

标示发生警报器的位置

火警电话
FIRE ALARM TELE-PHONE

标示火警电话的位置和号码

（2）紧急疏散逃生标志

安全出口
EXIT

提示通往安全场所的疏散出口

安全出口
EXIT

提示通往安全场所的疏散出口

滑动开门
SLIDE

提示滑动门的位置及方向

滑动开门
SLIDE

提示滑动门的位置及方向

推开
PUSH

提示门的推开方向

拉开
PULL

提示门的拉开方向

击碎板面
BREAK TO OBTAIN
ACCESS

提示需击碎板面才能取
到钥匙、工具，操作应
急设备或开启紧急逃生
出口

逃生梯
ESCAPE LADDER

提示固定安装的逃生梯的
位置

（3）灭火设备标志

灭火设备
FIRE-FIGHTING
EQUIPMENT

标示灭火设备集中摆放
的位置

手提式灭火器
PORTABLE FIRE
EXTINGUISHER

标示手提式灭火器的位
置

推车式灭火器
WHEELED FIRE
EXTINGUISHER

标示推车式灭火器的位
置

消防炮
FIRE MONITOR

标示消防炮的位置

消防软管卷盘
FIRE HOSE REEL

标示消防软管卷盘、消
火栓箱、消防水带的位
置

地下消火栓
UNDERGROUND
FIRE HYDRANT

标志地下消火栓的位置

地上消火栓
OVERGROUND
FIRE HYDRANT

标示地上消火栓的位置

消防水泵接合器
SIAMESE CONNEC-
TION

标示消防水泵接合器的
位置

（4）禁止和警告标志

|  | 禁止吸烟
NO SMOKING

表示禁止吸烟 |

|  | 禁止烟火
NO BURNING

表示禁止吸烟或各种形式的明火 |

|  | 禁止放易燃物
NO FLAMMABLE MATERIALS

表示禁止存放易燃物 |

|  | 禁止燃放鞭炮
NO FIREWORKS

表示禁止燃放鞭炮或焰火 |

|  | 禁止用水灭火
DO NOT EXTINGUISH WITH WATER

表示禁止用水作灭火剂或用水灭火 |

|  | 禁止阻塞
DO NOT OBSTRUCT

表示禁止阻塞的指定区域（如疏散通道） |

|  | 禁止锁闭
DO NOT LOCK

表示禁止锁闭的指定部位（如疏散通道和安全出口的门） |

|  | 当心易燃物
WARNING FLAMMABLE MATERIAL

警示来自易燃物质的危险 |

|  | 当心氧化物
WARNING OXIDIZING SUBSTANCE

警示来自氧化物的危险 |

|  | 当心爆炸物
WARNING EXPLOSIVE MATERIAL

警示来自爆炸物的危险，在爆炸物附近或处置爆炸物时应当心 |

（5）方向辅助标志

注：疏散方向标志为绿底，火灾报警装置或灭火设备的方位标志为红底

（6）文字辅助标志

悬挂消防安全标志是为了能够引起人们对不安全因素的注意，更好地预防事故发生。

79. 安全出口的设置通则

为了在发生火灾时能够迅速安全地疏散人员和抢救物资，在建筑防火设计时必须设置足够数量的安全出口。每座建筑或每个防火分区的安全出口数目不应少于 2 个，每个防火分区、一个防火分区的每个楼层相邻 2 个安全出口最近边缘之间的水平距离不应小于 5.0 米。安全出口应分散布置，并应有明显标志。

80. 消防车道的设计要求

（1）消防车道的净宽度和净空高度均不应小于 4 米，消防车道的坡度不宜大于 8%。

（2）环形消防车道至少应有两处与其他车道连通。

（3）尽头式消防车道应设回车道或回车场，回车场的面积不应小于 12 米 ×12 米，对于高层建筑，不宜小于 15 米 ×15 米；供大型消防车使用的回车场面积不宜小于 18 米 ×18 米。

（4）消防车道上的管道和暗沟应能承受大型消防车的压力。

（5）消防车道穿过建筑物的门洞时，其净高和净宽不应小于 4 米；门垛之间的净宽不应小于 3.5 米。

（6）高层建筑周围应设置环形消防车道，当设置环形消防车道有困难时可沿建筑两个长边设消防车道。

81. 什么是消防通道

消防通道是消防人员实施营救和疏散被困人员的通道，比如楼梯口、过道和小区出口处等。对于住宅小区，从室内到地面的楼梯，小区内到外面公路的道路都属于消防通道。

消防通道的设置主要是为了保障人民生命、财产在遇到火灾等紧急情况时能得到及时救援。保持消防通道畅通是消防车通行的基本保证，能够为消防员处置各类突发事件赢得宝贵时间。任何单位和个人都不得堵塞、占用消防通道。

2020 年 10 月，蔡某租赁的步行街门面内的厨房部位因电气线路故障着火。消防车到达时，徐某的小型轿车停靠在步行街的入口处挡住了消防车前行的道路。尝试挪车无果后，消防救援人员只好从停靠在步行街下面的消防车内连接水管用于救火。本次火灾导致蔡某店内商品，及二、三、四楼的外墙面和空调受损，火灾后店面恢复及赔偿楼上的损失等共花费 74017.19 元。

人民法院审理后认为，被告徐某的小型轿车在此次火灾发生时阻挡了消防车通往火灾现场的通道，对消防救援人员及时扑灭火势造成一定的影响。最终，法院酌情认定被告徐某承担火灾造成损失的 15% 的赔偿责任，共计 10778.57 元。

82. 疏散门的设置要求

疏散门是人员安全疏散的主要设施，其设置需满足下列要求。

（1）防火分区之间的疏散门要具备防火防烟功能，因此，疏散走道在防火分区处设置常开甲级防火门，且火灾时能够自行关闭，不得采用防火卷帘、防火分隔水幕等措施替代。

（2）民用建筑和厂房内疏散人数较多，为便于疏散，其疏散门采用向疏散方向开启的平开门，不得采用推拉门、卷帘门、吊门、转门和折叠门，以防止疏散时因疏散门开启不及时或者不能开启，导致人员阻滞或者疏散终止。

除甲、乙类生产车间外，人数不超过 60 人且每樘门的平均疏散人数不超过 30 人的房间，其疏散门的开启方向不限。

（3）仓库的疏散门通常情况下采用向疏散方向开启的平开门。考虑到仓库内疏散人数较少，且仓库首层的疏散门尺寸模数较大的情况，对于火灾危险性相对较低的丙、丁、戊类仓库，允许其首层墙体外侧设置的疏散门采用推拉门或者卷帘门。仓库内防火分区通向疏散走道、楼梯间的门采用乙级防火门。

（4）建筑内开向疏散楼梯、疏散楼梯间、疏散走道的疏散门，当其完全开启时，不得减少楼梯平台、疏散走道的有效宽度，以防止疏散门开启后占用疏散楼梯、疏散走道宽度。

（5）人员密集场所内平时需要控制人员随意出入的疏散门和设置门禁系统的住宅、宿舍、公寓建筑的外门，要能保证在火灾时不使用钥匙等任何工具即能从内部迅速打开，并在显著位置设有使用提示标志。

（6）公共建筑内各房间疏散门的数量经计算确定，且不得少于2个。除托儿所、幼儿园、老年人照料设施、医疗建筑、教学建筑内位于走道尽端的房间外，符合下列条件之一的房间可设置1个疏散门。

①位于两个安全出口之间或袋形走道两侧的房间，对于托儿所、幼儿园、老年人照料设施，建筑面积不大于50平方米；对于医疗建筑、教学建筑，建筑面积不大于75平方米；对于其他建筑、场所，建筑面积不大于120平方米。

②位于走道尽端的房间，建筑面积小于50平方米且疏散门的净宽度不小于0.90米，或由房间内任意一点至疏散门的直线距离不大于15米、建筑面积不大于200平方米且疏散门的净宽不小于1.40米。

③歌舞娱乐放映游艺场所内建筑面积不大于50平方米且经常停留人数不超过15人的厅、室。

④另有规定的除外，建筑面积不大于200平方米的地下或者半地下设备间、建筑面积不大于50平方米且经常停留人数不超过15人的其他地下或者半地下房间。

（7）剧场、电影院、礼堂和体育馆的观众厅、多功能厅，其疏散门数量经计算确定，且不得少于2个，并符合下列规定：

剧场、电影院、礼堂、体育馆的观众厅或者多功能厅，每个疏散门的平均疏散人数不超过 250 人；当容纳人数超过 2000 人时，超过 2000 人的部分，每个疏散门的平均疏散人数不超过 400 人。

（8）高层住宅建筑中设置的防烟楼梯间，其户门不得直接开向前室。确有困难时，每层开向同一前室的户门不得大于 3 樘，且采用乙级防火门。

（9）人防工程公共疏散出口处内、外 1.40 米范围内不设踏步，其疏散门必须向疏散方向开启，且不得设置门槛。设置有固定座位的电影院、礼堂等的观众厅的疏散门，宜采用推门式外开门。

83. 疏散走道的设置要求

疏散走道是建筑内人员从各类场所、特定区域、房间疏散到楼梯间、室外空间或者其他防火分区等安全区域的内走道、过道、外廊、连通通道等。其设置要易于辨识，要避免布置成 S 形、U 形或者设置袋形走道。疏散走道设置需满足下列要求。

（1）疏散走道上不得设影响疏散的突出物；疏散走道要减少曲折，走道内不宜设置门槛、阶梯。

（2）疏散走道的净宽经计算后确定，且不得小于不同使用功能建筑相应的最小净宽指标。

（3）疏散走道在防火分区设置常开甲级防火门。

（4）建筑高度大于 32 米的老年人照料设施，宜在 32 米以上部分增设能连通老年人居室和公共活动场所的连廊，各层连廊直接与疏散楼梯、安全出口或者室外避难场地连通。

（5）剧场、电影院、礼堂、体育馆等观众厅内布置疏散走道时，横走道之间的座位排数不宜超过 20 排；纵走道之间的座位数，剧场、电影院、礼堂等每排不宜超过 22 个，体育馆每排不宜超过 26 个；前后排座椅的排距不小于 0.90 米时，可增加 1 倍，但不得超过 50 个；仅一侧有纵走道时，座位数减少 1/2。

（6）人员密集的公共场所的室外疏散通道的净宽不小于 3.00 米，并直接通向宽敞地带。

84. 避难走道的设置要求

避难走道是指设置有防烟设施且两侧采用耐火极限不低于 3.00 小时的防火墙分隔，用于人员安全通行至室外的走道。设置避难走道，主要用于解决大型建筑中疏散距离过长，或者因建筑外立面空间有限，难以让所有安全出口直通室外等问题。避难走道在消防设计中视为相对安全区域，其设置需要采用下列更加严格的防火措施。

（1）避难走道的防火隔墙耐火极限不得低于 3.00 小时，楼板耐火极限不得低于 1.50 小时。

（2）避难走道直通地面的出口不少于 2 个，并设置于不同方向；当避难走道仅与 1 个防火分区连通，且该防火分区至少有 1 个直通室外的安全出口时，避难走道可只设置 1 个直通地面的出口。

（3）任一防火分区通向避难走道的门至该避难走道最近直通地面的出口距离不得大于 60 米。

（4）避难走道的净宽不小于任一防火分区通向该避难走道的设计疏散总净宽。

（5）避难走道内部装修采用燃烧性能为 A 级的装修材料。

（6）防火分区至避难走道入口处设置防烟前室，前室的使用面积不得小于 6 平方米，开向前室的门采用甲级防火门，前室开向避难走道的门采用乙级防火门。

（7）避难走道内设置消火栓、消防应急照明、应急广播和消防专线电话。

85. 消防应急照明灯具的设置

消防应急照明灯具是为疏散路径、与人员疏散相关的部位及发生火灾时仍需工作的场所提供必要的照度条件的灯具。消防应急照明灯应采用多点、均匀布置方式，建（构）筑物设置照明灯的部位或场所及其地面水平最低照度应符合下表的规定。

产品名称	应符合的标准	主要性能
消防应急标志灯具	《消防应急照明和疏散指示系统》(GB 17945–2010)	基本功能（应急时间、表面亮度、自检功能）、充放电性能、转换电压性能
消防应急照明灯具	《消防应急照明和疏散指示系统》(GB 17945–2010)	基本功能（应急时间、光通量、自检功能）、充放电性能、转换电压性能
应急照明集中电源	《消防应急照明和疏散指示系统》(GB 17945–2010)	基本功能（应急转换功能、自检功能、故障报警功能）、充放电性能、转换电压性能
应急照明控制器	《消防应急照明和疏散指示系统》(GB 17945–2010)	基本功能（控制功能、信息显示功能、故障报警功能、自检功能）
应急照明配电箱	《消防应急照明和疏散指示系统》(GB 17945–2010)	基本功能（应急转换功能、转换时间性能）

86. 消防应急标志灯的设置

消防应急标志灯是用于指示疏散出口、安全出口、疏散路径、消防设置位置等重要信息的灯具，一般采用图形加以标示，有时会有一定的辅助文字信息。消防应急标志灯应设在醒目位置，应保证人员在疏散路径的任何位置、在人员密集场所的任何位置都能看到标志灯。

（一）出口标志灯的设置

（1）应设置在敞开楼梯间、封闭楼梯间、防烟楼梯间、防烟楼梯间前室入口的上方。

（2）地下或半地下建筑（室）与地上建筑共用楼梯间时，应设置在地下或半地下楼梯通向地面层疏散门的上方。

（3）应设置在室外疏散楼梯出口的上方。

（4）应设置在直通室外疏散门的上方。

（5）在首层采用扩大的封闭楼梯间或防烟楼梯间时，应设置在通向楼梯间疏散门的上方。

（6）应设置在直通上人屋面、平台、天桥、连廊出口的上方。

（7）地下或半地下建筑（室）采用直通室外的金属竖向梯疏散时，应设置在金属竖向梯开口的上方。

（8）需要借用相邻防火分区疏散的防火分区中，应设置在通向被借用防火分区甲级防火门的上方。

（9）应设置在步行街两侧商铺通向步行街疏散门的上方。

（10）应设置在避难层、避难间、避难走道防烟前室、避难走道入口的上方。

（11）应设置在观众厅、展览厅、多功能厅和建筑面积大于400平方米的营业厅、餐厅、演播厅等人员密集场所疏散门的上方。

（二）方向标志灯的设置

（1）有围护结构的疏散走道、楼梯应符合下列规定。

①应设置在走道、楼梯两侧距地面、梯面高度1米以下的墙面、柱面上。

②当安全出口或疏散门在疏散走道侧边时，应在疏散走道上方增设指向安全出口或疏散门的方向标志灯。

③方向标志灯的标志面与疏散方向垂直时，灯具的设置间距不应大于20米；方向标志灯的标志面与疏散方向平行时，灯具的设置间距不应大于10米。

（2）展览厅、商店、候车（船）室、民航候机厅、营业厅等宽敞空间场所的疏散通道应符合下列规定。

①当疏散通道两侧设置了墙、柱等结构时，方向标志灯应设置在距地面高度1米以下的墙面、柱面上；当疏散通道两侧无墙、柱等结构时，方向标志灯应设置在疏散通道的上方。

②方向标志灯的标志面与疏散方向垂直时，特大型或大型方向标志灯的设置间距不应大于30米，中型或小型方向标志灯的设置间距不应大于20米；方向标志灯的标志面与疏散方向平行时，特大型或大型方向标志灯的设置间距不应大于15米，中型或小型方向标志灯的设置间距不应大于10米。

（3）保持视觉连续的方向标志灯应符合下列规定。

①应设置在疏散走道、疏散通道地面的中心位置。

②灯具的设置间距不应大于3米。

（4）方向标志灯箭头的指示方向应按照疏散指示方案指向疏散方向，并导向安全出口。

（三）楼层标志灯的设置

楼梯间每层应设置指示该楼层的标志灯。

（四）多信息复合标志灯具的设置

人员密集场所的疏散出口、安全出口附近应增设多信息复合标志灯具。

87. 避难场所的选址、配套设施、功能布局如何确定

避难场所选择的位置需要有宽阔的空地，方便集合周围的人，可以选择公园、绿地、广场、体育场、停车场、学校操场或其他空地。要避开地质灾害多发的地段，优先选择易于搭建临时帐篷和易于进行救灾活动的安全地域，要为避难场所创造良好的防火、治安、卫生和防疫条件，使其不易受到次生灾害的影响。

避难场所要提供临时用水、排污、消防、供电照明设施以及临时厕所等应急设备，有条件的话还应设置避难人员的栖身场所、生活必需品与药品储备库、应急通信设施与广播设施、医疗设施等。

应急避难场所应有两个以上的进出口，车辆与行人的进出口应尽可能分开。此外，应针对不同人进行不同的设计，对老弱病残等弱势群体的特殊需求进行各种无障碍设计。

88. 如何辨别灭火器的真伪

（1）注意商标等信息

灭火器瓶体上的商标应端正、不缺边少字，无明显皱褶、气泡等缺陷，灭火剂及驱动气体的种类、充装压力、总质量、灭火级别、操作方法、

注意事项、制造厂商名字和生产日期说明齐全，必须有"灭火器一经开启，不得重复使用、充装"的警示性文字说明，内容不全的，一般为不合格。

（2）注意筒体

灭火器瓶体外表涂层应色泽均匀，无龟裂、气泡，无明显刮痕、碰伤、磕伤，无腐蚀、泄漏等缺陷，否则为不合格产品。合格灭火器的底圈或颈圈等部分，应有该灭火器的水压试验压力值、出厂年份的钢印。灭火器瓶身上的编号要与灭火器销售商提供的国家检验部门颁发的检验合格证书上的编号一致。

（3）注意压力

灭火器压力表分为红、黄、绿三个区域，压力指针达不到绿色区域的为不合格产品。压力指示器的种类应与该灭火器的种类相符，充装量大于3公斤的灭火器应配有喷射软管；灭火器应安装保险销，且保险销的铅封（塑料带、线封）应完好无损，否则为不合格产品。

（4）注意"身份证"信息

正规灭火器上通常会有两张贴纸标志，其中一张为红黑色覆膜的，一张为黑白色纸质的，这两张都是灭火器的"身份证"，全称为"消防产品身份体系标志"。其中红黑色覆膜的是"身份证"的正本，由灭火器终身携带；黑白色纸质的是副本，是"身份证"的备份。"身份证"只有表层的塑料膜可以撕下来，因而无法被转移到别的灭火器上。如果发现灭火器没有"身份证"、"身份证"上的14位明码不正确或是"身份证"很容易被揭下时，就要注意，这很有可能是假冒伪劣产品。

89. 如何辨别消防应急照明灯的真伪

（1）查看外观标识

合格的自带电源型消防应急照明灯具，要有身份证标识，具有主电、充电、故障状态指示灯，自复式试验按钮（开关或遥控装置），合格证、制造日期、产品编号、生产厂家名称、生产地址以及产品主要技术参数。不合格的产品以上内容会模糊不清或不全缺项。

灯内所用电池应明确标注电池型号、电池类别、电池容量等内容，且应和该产品的检验报告相符。如果没有这些内容或者与检验报告不符则为不合格消防产品。

（2）进行断电测试

自带电源型消防应急照明灯具在主电源断电后 5 秒内应能立即转入应急状态，主电源恢复后应自动恢复到主电工作状态。

（3）验证放电时间

应急工作时间应与产品合格证明资料上相符，可通过放电试验进行验证。同时，消防应急照明灯应具有放电保护，电池放电终止电压应不小于额定电压的 80%。

90. 如何辨别消火栓的真伪

消火栓主要由消火栓箱、消火栓、水枪、水龙带、挂架、水龙带卡扣、消防按钮组成。合格的室内消火栓，各部分组件应齐全并完整好用。可对照以下内容进行查验。

（1）消火栓阀体。要注意消火栓阀体是否标注铸出型号、规格和商标。栓体内表面应涂防锈漆，无严重锈蚀，否则判断为不合格。固定接口的型式应为 KN 型，手轮的轮缘上应明显铸出表示开关方向的箭头和字样。阀杆升降应平稳、灵活，不应有卡阻和松动现象。还可用吸铁石材料判断阀杆材料是否为铜质。消防接口表面应有型号、规格、商标或厂名等永久性标志。接口表面应进行阳极氧化处理或静电喷塑防腐处理。

（2）室外消火栓。室外消火栓要求铸铁件、铸铜件表面光滑，没有明显砂眼、气孔、裂纹等缺陷。外露部分应涂红色漆，色泽均匀，无龟裂、划伤和碰伤。阀体内表面应涂防锈漆。

栓体上还应清晰地铸出型号、规格、商标或厂名等永久性标志，应有自动排放余水装置。

水带连接口和吸水管连接口应使用机械性能不低于 HPb59 的铅黄铜或不锈钢制造。

91. 如何辨别防毒面具的真伪

防毒面具应具有 3C 认证、消防产品身份信息标志检验报告及合格证，一盒一码。

打开有刺激性气味的，拔开滤毒罐前面的橡胶塞没有滤烟层或不是波浪状的可判定是假冒伪劣产品。

92. 如何辨别消防安全绳的真伪

安全绳应具有强制性认证报告、型式检验报告及合格证。
安全绳应与报告信息保持一致。

93. 如何辨别消防水带的真伪

可根据以下内容辨别消防水带的真伪。

（1）产品标识。每根水带应以有色线作带身中心线，在端部附近中心线两侧须用不易脱落的油墨印上产品名称、设计工作压力、规格、经线、纬线及衬里的材质等。

（2）织物层外观质量。合格水带的织物层应编织均匀，无跳双经、断双经、跳纬及划伤。

（3）水带长度。用卷尺测量整卷水带总长度，如测得长度小于水带长度规格 1 米以上的，则判定该产品不合格。

（4）压力试验。截取 1.2 米长的水带，使用手动试压泵或电动试压泵平稳加压至试验压力，保压 5 分钟，检查是否有渗漏现象，有渗漏则不合格。

94. 如何辨别消防水枪的真伪

（1）消防水枪枪体表面材料应采用耐腐蚀材料制造，经防腐蚀处理。合格的消防水枪铸件表面无结疤、裂纹及孔眼，铝制件表面应进行阳极氧化处理。

（2）抗跌落性能试验中，水枪以喷嘴朝上、喷嘴朝下以及水枪轴线处于水平状态三个位置，从离地 2 米左右的高处（从水枪的最低点算起）自由落到坚硬的水泥地面上，水枪无破裂且能正常操作使用。

（3）水枪于每个位置坠落两次后检查应仍能正常操作使用。

95. 消防水枪的分类

消防水枪主要分为以下四类。

（1）直流水枪。直流水枪喷射的水流为柱状，射程远、流量大、冲击力强，用于扑救一般固体物质火灾，以及灭火时的辅助冷却等。一般可分为普通直流水枪、开关直流水枪。开关直流水枪是由直流水枪增加球阀开关等部件组成，可以通过开关控制水流。

（2）喷雾水枪。喷射雾状水流的水枪，对建筑室内火灾具有很强的灭火能力，还可扑救带电设备火灾、可燃粉尘火灾及部分油品火灾等。

（3）多用水枪。既可以喷射直流射流，又可以喷射雾状射流，有的还可以喷射水幕，并且几种水流可以互相交换，组合使用，机动性能好，对火场适应性好。

（4）多功能水枪。该水枪具有反作用力小，易于操作，可以根据灭火需要调节流量和射流状态，便于理顺水带扭曲打结现象等优点。

96. 防火卷帘的设置部位

（1）消防电梯前室；

（2）自动扶梯周围；

（3）中庭与每层走道、过厅、房间相通的开口部位；

（4）代替防火墙的部位。

97. 消防设施和消防器材有什么区别

（1）消防器材指的是用于灭火、防火以及火灾事故的器材，主要包括灭火器、消火栓、水带、水枪、破拆工具等。

其中，灭火器根据充装的灭火剂分为以下几类。

①干粉类的灭火器。

②二氧化碳灭火器。

③水基型灭火器（包含：清水灭火器、泡沫灭火器）。

④洁净气体灭火器（比如：卤代烷型灭火器）。

灭火器根据驱动灭火器的压力形式可分为三类。

①储气式灭火器。指灭火剂由灭火器上的储气瓶释放的压缩气体或者液化气体的压力驱动的灭火器。

②储压式灭火器。指灭火剂由灭火器同一容器内的压缩气体或者灭火蒸汽的压力驱动的灭火器。

③化学反应式灭火器。指灭火剂由灭火器内化学反应产生的气体压力驱动的灭火器。

（2）消防设施指的是火灾自动报警系统、消火栓系统、自动灭火系统、防烟排烟系统以及应急广播和应急照明、安全疏散设施等。

总的来说，消防设施是一个广义的概念，包括多种火灾扑救所需的设备系统，而消防器材是用于灭火和防火的具体设备。

98. 什么是自动消防设施

自动消防设施分为电系统自动设施和水系统自动设施。电系统设施是在发生火灾事故时能自动报警的设备。这些设备在各处安装探头，当探头探测到有火灾的迹象，如烟、温度较高等，就会把信息传递给主机，主机通过发出报警响声和显示报警原因来提醒工作人员。水系统设施则是在人流量和货物较多的场所通过水管引水，在较大水压的状态下，消防水的出水处用喷淋头堵上。喷淋头上的玻璃管在温度较高的情况下就会自动爆破，然后喷淋头就能均匀洒水，以达到灭火的目的。

99. 关闭自动消防设施属于违法行为吗

　　擅自关闭自动消防设施属于违法。《消防法》明确规定，任何单位或个人都不得损坏或者擅自挪用、拆除、停用消防设施。自动消防设施是探测火灾发生，及时控制和扑救初起火灾的重要保障。各单位必须要对建筑消防设施实施维护管理，每年至少进行一次全面检测，并做好日常的维护保养工作，发现故障要及时清除，确保其防火灭火的功能保持完好有效。不得擅自停用各类消防设施，否则一旦遇到火灾，将无法有效发挥作用，造成非常严重的后果，相关责任人甚至面临刑事处罚，将对单位和个人造成无法估量的损失。

100. 什么是简易消防设施

　　简易消防设施主要包括以下四种。
　　（1）独立式感烟火灾探测器
　　独立式感烟火灾探测器一般通过 9 伏叠层电池或者 AC220 伏直接供电，安装使用方便，可以实现独立探测、独立报警，不需要和火灾报警控制器连接。

　　独立式烟感探测器能够探测火灾时产生的大量烟雾，及时发出报警信号。

烟雾是上升运动的，到达天花板底下。感烟报警器通过烟发现火灾。在住户没有看到火苗或闻到烟味的时候，感烟器已经知道了。它不停工作，一年365天，每天24小时，从不间断。在报警时，它发出尖啸刺耳的声音，直到烟雾散去。在真实的火灾中它一直工作到被烧毁。

随着感烟报警器的使用者不断增加，住宅失火造成的死亡人数也不断下降。美国国家消防协会报告表明，安装了推荐数目的感烟报警器的住宅一旦发生火灾，住宅内人员的逃生机会将比未安装的住宅多出50%。

（2）简易自动喷水灭火系统

简易自动喷水灭火系统可有效扑灭初起火灾，控制火势发展，为人员疏散创造有利条件。根据北京小天井火灾实体模拟试验，一个标准居室在起火后3至7分钟，烟气温度便可达到600～700摄氏度，简易喷头的动作温度是68摄氏度，起火后2分钟可以启动灭火。

（3）消防逃生软梯

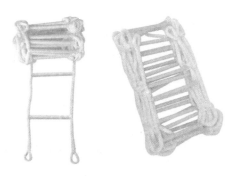

消防逃生软梯是一种用于营救和撤离火场被困人员的移动式梯子，可收藏在包装袋内，在楼房建筑物发生火灾或意外事故时，楼梯通道被封闭的危急情况下，是进行救生用的有效工具。

一般的救生软梯主梯用绳直径为14毫米，如用2.6毫米航空级钢丝包芯，可以起到防火的作用。软梯一般长15米，重量小于15千克，荷载1000千克，每节梯荷载150千克，最多可载8人。

使用救生软梯时，根据楼层高度和实际需要选择主梯或加挂副梯。将窗户打开后，把挂钩安放在窗台上，同时要把两只安全钩挂在附近牢固的物体上，然后将软梯向窗外垂放，即可使用。

（4）缓降器

缓降器由挂钩（或吊环）、吊带、绳索及速度控制等组成，是一种可使人沿（随）绳（带）缓慢下降的安全营救装置。它可用专用安装器具安装在建筑物窗口、阳台或楼房平顶等处，也可安装在举高消防车上，营救处于高层建筑物火场上的受难人员。缓降器适用于高层逃生。工作时，通过缓降绳索带动主机内的行星轮减速机构运转与摩擦轮毂内的摩擦块产生摩擦，保证使用者安全缓降至地面。

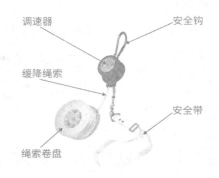

缓降绳索一般采用高级钢丝绳内芯，外表由编织护层组成，两端各装配一套安全带，比较结实。

普通缓降器安装使用简单方便，通过配置的安全钩或辅助绳索固定于建筑物内的应急窗口或临时悬挂在窗口、阳台或楼平顶的固定物上缓降逃生。

除已按规定要求设置自动喷水灭火系统及火灾自动报警设施的建筑，老旧居民住宅、宿舍、出租屋、小旅馆等亡人火灾多发的场所宜推广安装独立感烟报警器及简易自动喷水灭火系统；鼓励在其他居民住宅内安装使用独立感烟报警器及简易自动喷水灭火系统。

101. 如何正确使用身边的消防设施及消防器材

（1）室内消防栓。发生火灾时，首先打开消防栓箱门或砸碎消防箱的玻璃，取出水带将水带的一端接在消防栓出水口上，另一端接好水枪，拉到起火点附近后方，逆时针打开消防栓阀门。

（2）干粉灭火器。首先，提着灭火器赶到现场；其次，用力拽掉铅封，拔掉保险销；再次，左手握住喷管，右手提着压把；最后，在距离火焰2至3米处，用右手紧握鸭嘴式开关，左手抬起喷管，对着火焰左右摆动，进行喷射灭火。

（3）防烟呼吸器。当发生火灾时，立即沿防烟呼吸器包装盒指示标志方向打开盒盖，撕开包装袋取出呼吸装置；沿系在包装盒中的提醒带绳拔掉前后封口板；将呼吸器套入头部，拉紧头带，迅速逃离火场。

（4）往复式缓降器。缓降器对于高层消防逃生与救援作用非常重大。使用方法如下：将缓降器固定于窗口、阳台、室内等牢固处；将缠绕索的绳轮抛至地面，拴好安全背带；拉紧滑动绳至合适位置，然后进行依次轮流降落。

（5）灭火毯。发生火灾时可以用灭火毯裹于全身，穿越火场逃生；在遇到火灾初始阶段时，可以用灭火毯铺盖着火点，达到隔氧灭火的目的；如果在野外发生意外，可用灭火毯裹住全身，以保持体温，同时灭火毯本身的银色可反射出光线以便搜救人员营救。

（6）烟感器。当室内烟雾达到一定浓度时，烟感器会自动报警。

（7）火灾报警器。当火灾发生时按下它，即可发出报警，告知其他人这里有火灾发生。

（8）防火门。防火门在火灾发生时，能阻止火势蔓延和烟气扩散，可在一定时间内阻止火势的蔓延。

（9）防火卷帘门。防火卷帘门能有效地阻止火势蔓延，保障生命财产安全，起火时将其放下展开，用以阻止火势从门窗洞口蔓延。

（10）室外消火栓。室外消火栓是设置在建筑物外面消防给水管网上的供水设施，主要供消防车从市政给水管网或室外消防给水管网取水实施灭火，也可以直接连接水带、水枪出水灭火，是扑救火灾的重要消防设施之一。

（11）喷淋装置。自动喷水灭火系统是由洒水喷头、报警阀组、水流报警装置（水流指示器或压力开关）等组件，以及管道、供水设施组成，并能在发生火灾时喷水的自动灭火系统。系统的管道内充满有压水，一旦发生火灾，喷头动作后立即喷水。

102. 消防部门可以向公众售卖消防设施设备或器材设备吗

消防部门是负责消防安全和救援的政府部门，其职责是保护人民生命财产安全，预防和扑灭火灾，以及在火灾发生时进行救援。消防部门不应该参与任何形式的商业活动，包括买卖消防产品。而是应该专注于确保公众的安全，并采取必要的措施来确保消防产品的质量和性能达到最高标准。

103. 消防救援需要收费吗

国家综合性消防救援队、专职消防队扑救火灾、应急救援，不得收取任何费用。单位专职消防队、志愿消防队参加扑救外单位火灾所损耗的燃料、灭火剂和器材、装备等，由火灾发生地的人民政府给予补偿。

104. 灭火器的报废条件

灭火器在使用、检查、维修过程中，建筑（场所）使用管理单位、维修机构对出现或者发现下列情形之一的灭火器，应予以报废处理。

（1）列入国家颁布的淘汰目录的灭火器。根据国家有关规定，化学泡沫型灭火器、酸碱型灭火器、倒置使用型灭火器、氯溴甲烷灭火器、四氯化碳灭火器、1211灭火器、1301灭火器以及国家政策明令淘汰的其他类型灭火器，一经发现都应予以报废处理。

（2）达到报废年限的灭火器。灭火器出厂时间达到或者超过下列规定期限时，应予以报废处理。

灭火器类型		报废期限/年
水基型灭火器	手提式水基灭火器	6
	推车式水基灭火器	
干粉灭火器	手提式（储压式）干粉灭火器	10
	手提式（储气瓶式）干粉灭火器	
	推车式（储压式）干粉灭火器	
	推车式（储气瓶式）干粉灭火器	
洁净气体灭火器	手提式洁净气体灭火器	10
	推车式洁净气体灭火器	
二氧化碳灭火器	手提式二氧化碳灭火器	12
	推车式二氧化碳灭火器	

（3）存在严重损伤、重大缺陷的灭火器。灭火器使用、检查、维修过程中，发现存在下列情形之一的，应予以报废处理。

①不能确认生产单位名称和出厂时间，包括铭牌脱落，铭牌模糊、不能分辨生产单位名称，出厂时间钢印无法识别等的；

②筒体锈蚀面积大于或等于筒体总面积的三分之一，表面有凹坑的；

③筒体明显变形，机械损伤严重的；

④器头存在裂纹、无泄压机构的；

⑤出现筒体为平底等结构不合理现象的；

⑥没有间歇喷射机构的手提式灭火器；

⑦筒体有锡焊、铜焊或者补缀等修补痕迹的；

⑧被火烧过的；

⑨筒体或者气瓶外表面连接部位、底座有腐蚀凹坑的；

⑩水基型灭火器筒体内部的防腐层失效的；

⑪筒体或者气瓶的连接螺纹有损伤的；

⑫筒体或者气瓶水压试验不符合水压试验要求的；

⑬灭火器产品不符合消防产品市场准入制度的。

2012 年 5 月，兰州市某家具市场一商铺，铺主林某听到门口的干粉灭火器有异响，便凑过去看个究竟，已过期的灭火器突然爆炸，林某被炸成重伤。

2016 年 6 月，某市一名 14 岁男孩在家附近发现一个过期灭火器，拿起摆弄，结果灭火器爆炸，男孩当场身亡。

105. 报废灭火器的回收处置

报废灭火器的回收处置按照规定要求由维修机构向社会提供回收服务，并做好报废处置记录。经灭火器用户同意，对报废的灭火器筒体或者气瓶、储气瓶进行消除使用功能处理。在确认报废的灭火器筒体或者气瓶、储气瓶内部无压力的情况下，采用压扁或者解体等不可修复的方式消除其使用功能，不得采用钻孔或者破坏瓶口螺纹的方式进行报废处置。

报废处理时，对灭火器中的灭火剂按照灭火剂回收处理的要求进行处理；其余固体废物按照相关的环保要求进行回收利用处置。

灭火器报废后，应按照等效替代的原则对灭火器进行更换。

106. 火灾中最致命的是火还是烟

在火灾发生时，烟对人的危害往往比火更为致命。火灾烟气是指发生火灾时物质在燃烧和热分解作用下生成的产物与剩余空气的混合物。

（1）高温灼伤人体器官

火灾发生后，火场中燃烧产生的浓烟温度可达 700 摄氏度，在灼伤皮肤的同时，吸入体内的高温烟气会灼伤鼻腔、咽喉等器官，引发窒息，从而导致死亡。

（2）毒性、刺激性燃烧产物致死

火灾发生时，物品燃烧会产生一氧化碳、二氧化硫等具有毒性、刺激性的气体。

①在正常的情况下，空气中的二氧化碳含量为 0.06%。发生火灾时，二氧化碳可增至 13% 以上。若空气中二氧化碳含量达到 2% 时，人就会感觉到呼吸困难、头晕以及咳嗽；如果二氧化碳含量超过 5% 时，人就会有生命危险；若含量达到 20% 时，即可在短时间内置人于死地。

②火灾初期，烟气中的一氧化碳开始增加，通常可达 1%；如果室内门窗关闭，通风不良，则一氧化碳含量迅速上升。一氧化碳可与人体血液中的血红蛋白结合，形成碳氧血红蛋白，从而使血红蛋白丧失输氧能力，使人缺氧、窒息。

③物质燃烧时要消耗掉空气中大量的氧气，随着燃烧时间的延长，氧含量会逐渐下降。在正常情况下，空气中的氧含量约为 21%；在高原地区，氧含量不足 20%，有的人就会感到呼吸困难。而在火灾现场，大火初期的氧含量就可能降至 19%，甚至 16%；火势猛烈时，氧含量可能降至 6%～7%。当氧含量降到 10% 时，人就会感到呼吸十分困难；如果降至 6%，会立刻窒息。

以上说的是一般物质燃烧时的情况，若燃烧的是塑料、化纤物质（如化纤毯、化纤服装等），还会产生另外一些气体，如氯气以及氰化氢等，虽然浓度有限，但危险却极大。氯气是窒息性的刺激气体，当空气中氯气含量达 0.01% 时，人吸入后便会发生痉挛和严重的眼损害，并导致肺炎、肺气肿和肺出血；当氯气含量超过 0.25% 时，可立即使人窒息。空气中的氰化氢含量若达到 0.0027%，光气含量达到 0.0005% 时，都能够立即置人于死地。

（3）蔓延迅速，降低逃生概率

大火未至，浓烟先到，尤其是高层建筑，火灾产生的高温烟气在浮力和烟囱效应的双重作用下，高热气体不断在通道的顶部积聚，使能见度大大降低，并且烟气对人的眼睛有极大的刺激作用，进一步加大疏散难度。

107. 火灾现场如何防止烟气的危害

烟的危害如此之大，因此在火灾现场，要想尽办法防止烟气的袭击。通常可以采取以下几种办法。

（1）阻止烟气进入房间。火灾发生时，烟气的流动速度比火势蔓延的速度快。烟的水平流动速度在每秒一米左右，而垂直流动速度可达每秒五米以上。因此，一幢建筑物内虽然燃烧范围不大，但能使整幢房子都充满浓烟。所以，如果你发现邻近处已着火，而周围通路又被截断而难以逃生时，应当立即关闭与燃烧处相通的门窗，但不要上锁。如果有条件的话，用浸水的衣服等堵住门窗的隙缝，这样就能阻止或者减少烟气侵入。

（2）用湿毛巾捂住口鼻，以减少吸入浓烟。从事灭火的消防队员及救护人员，大都配备有防毒面具等，能够抵御烟气的袭击，一般居民可以采用最简便的用手帕捂住口鼻的方法防烟，若用折叠起来的湿毛巾捂鼻，更具有一定的过滤作用，防烟效果会更好。火灾发生后，大多数人会大喊大叫，殊不知大喊大叫中会有更多的烟气吸入呼吸道。

（3）寻找适当位置暂时避烟。烟气中的大多数气体均比空气重，但在高温情况下烟气仍向上浮动，所以室内的烟气越是高处浓度越高。据试验，在火灾发生之后 11 ～ 13 分钟内房间顶部的二氧化碳浓度约为 9%，中部约为 5%。地面约为 2%。一氧化碳要轻于二氧化碳，大部分集中在房间中部，相当于人呼吸的部位。因此，在烟气弥漫的房间里蹲下或匍匐的位置所吸入的一氧化碳和二氧化碳都比较少。但这只不过是权宜之计，仍以及早争取逃离火场到达安全地带为上策。

第四章

掌握灭火知识，从容应对突发火情

108. 影响火灾后果的因素

发生火灾时，人们希望能够在第一时间发现，并发出警报，提示人员疏散，采取初步灭火措施，并向消防救援机构报警。规模相同的初起火灾，对于其火灾危险来说是相同的，但是由于后续步骤的不同，所存在的火灾风险却是不同的。例如，由于警报失效，未能及时发现，导致小火酿成大火；疏散通道不畅，指示标志不明，导致人员大量伤亡；着火场所无灭火设施，未能有效进行初期控制，导致火势大规模蔓延；消防队伍未能及时到场、灭火设备质量无法满足要求、消防队伍技能受限等，都会导致火灾损失加大，从而提高火灾风险。

109. 报告火警的对象有哪些

（1）向消防救援机构报警

拨通火警 119 后，向值班人员讲清起火地点，尽量说清楚燃烧物品的名称、性质、消防车从哪条路进来，有突出的标志和重要建筑物特定方位的，还要向值班人员交代清楚。必要时，要派人去路口等候引导消防车。

（2）向本单位（地区）专职、义务消防队报警

很多单位有专职消防队员，并配置了消防车等灭火设备，有的地区相邻单位还组织了联防，他们是消防战线上的重要力量，这些单位一旦有火情发生，要尽快向他们报警，以便争取时间投入灭火战斗。

（3）向周围群众和邻居报警

火灾发生时，除了及时向消防救援机构报警之外，还要向火场周围的群众报警，其目的是号召年轻力壮和有能力的人赶快参加扑救，老人、妇女和儿童要尽早做好逃离火场的准备。火场上，最能体现"时间就是生命"这句话的意义。火灾发生时，早一分钟，哪怕是早一秒钟报警对扑救火灾或让人们迅速逃离火场都是十分有利的。

（4）向社区领导报警

社区领导比普通群众更加具有号召力。家里或者社区发生火情时，社区领导等可以帮助组织、指挥社区内人员参加火灾扑救，组织疏散。

110. 正确报告火警内容

在拨打火警电话向消防救援机构报火警时，必须讲清以下内容。

一是发生火灾单位或个人的详细地址。包括街道名称、门牌号码、靠近何处；农村发生火灾要讲明县、乡（镇）、村庄名称；大型企业要讲明分厂、车间或部门；高层建筑要讲明第几层等。总之，地址要讲得明确、具体。

二是起火物是什么，是房屋、商店、油库、露天堆放场还是森林、草场、工厂或是田间等；房屋着火最好讲明是何建筑，如棚屋、砖木结构、新式工房、高层建筑等；尤其要注意的是讲明起火物为何物，如液化石油气、汽油、化学试剂、棉花、麦秸等都应讲明白，以便消防部门根据情况派出相应的灭火车辆。

三是讲清现场基本火情。如是只见冒烟还是有火光，抑或火势猛烈，有多少间房屋着火等。

四是报警人姓名及所用电话的号码，以方便消防部门电话联系，了解火场情况。报警之后，还应派人到路口接应消防车。

111. 外地电话拨打火警电话是本地火警出警吗

外地电话拨打火警电话是本地火警出警。发生火灾时，外地手机号码也可以打通本地119电话报警。如果想拨打当地报警电话，直接拨119即可，如果想拨手机号归属地的报警电话或者其他地区报警电话，则需要在119前面加上当地的区号。

112. 灭火的基本原理与方法

为防止火势失去控制，继续扩大燃烧而造成灾害，需要采取一定的方法将火扑灭，这些方法的基本原理是破坏燃烧条件。

（1）冷却灭火

可燃物一旦达到着火点，就会燃烧或持续燃烧。在一定条件下，将可燃物的温度降到着火点以下，燃烧即会停止。对于可燃固体，将其冷却在燃点以下；对于可燃液体，将其冷却在闪点以下，燃烧反应就会中止。用水扑灭一般固体物质引起的火灾，主要是通过冷却作用来实现的，水具有较大的比热容和很高的汽化热，冷却性能很好。在用水灭火的过程中，水大量地吸收热量，燃烧物的温度迅速降低，使火焰熄灭，火势得到控制，火灾终止。

（2）隔离灭火

在燃烧三要素中，可燃物是燃烧的主要因素。将可燃物与氧气、火焰隔离，也就是将尚未燃烧的可燃物移走，使其与正在燃烧的可燃物分开或断绝可燃物来源，燃烧区得不到足够的可燃物就可以中止燃烧、扑灭火灾。例如：将火源附近的可燃、易燃、易爆和助燃物品搬走；拆除与火源毗连的易燃建（构）筑物，形成阻止火势蔓延的空间地带；在扑灭可燃液体或可燃气体火灾时，迅速关闭输送可燃液体或可燃气体管道的阀门，切断流向着火区的可燃液体或可燃气体的输送管道，同时打开可燃液体或可燃气体通向安全区域的阀门，使已经燃烧或受到火势威胁的容器中的可燃液体、可燃气体转移。

（3）窒息灭火

可燃物的燃烧是氧化作用，需要在最低氧浓度以上才能进行，低于最低氧浓度，燃烧不能进行，火灾即被扑灭。一般氧浓度低于15%时，就不能维持燃烧。因此，隔绝空气或稀释燃烧区的空气氧含量，使可燃物得不到足够的氧气从而停止燃烧。窒息灭火法适用于扑救容易封闭的容器设备、房间、洞室和工艺装置或船舱内的火灾。在灭火中根据不同情况，可具体采取下列措施：用干砂、石棉布、湿棉被、帆布等不燃或难燃物捂盖燃烧物，阻止空气流入燃烧区，使已经燃烧的物质得不到足够的氧气而熄灭；自动喷水—泡沫联用系统在喷水的同时喷出泡沫，泡沫覆盖于燃烧液体或固体的表面，在发挥冷却作用的同时，将可燃物与空气隔开，从而灭火；在着火场所内，通过灌注惰性气体（如二氧化碳、氮气、水蒸气等）来降低空间的氧浓度，从而达到窒息灭火的目的。

（4）化学抑制灭火

化学抑制灭火法就是使灭火剂参与燃烧反应，销毁燃烧过程中产生的自由基，形成稳定分子或低活性自由基，从而使燃烧反应终止，达到灭火的目的。化学抑制灭火的常见灭火剂有干粉灭火剂和七氟丙烷灭火剂。化学抑制灭火速度快，使用得当可有效地扑灭初起火灾，减少人员伤亡和经济损失。该方法对于有焰燃烧火灾效果好，而对深位火灾由于渗透性较差，灭火效果不理想。在条件许可的情况下，采用化学抑制灭火的灭火剂与水、泡沫等灭火剂联用会取得明显效果。

在火场上究竟采用哪种灭火方法，应根据燃烧物质的性质、燃烧特点和火场的具体情况以及消防器材装备的性能进行选择。有些火场往往需要同时使用几种灭火方法，比如用干粉灭火时，还要采用必要的冷却降温措施，以防止复燃。

113. 灭火的基本原则

灭火的基本原则有保护生命安全、切断火源、抑制火势、遏制火势蔓延、利用适当的灭火剂、善用灭火设备和工具等。

（1）保护生命安全

在进行灭火行动时，首要原则是保护人员的生命安全。应确保人员的疏散和逃生通道畅通，并确保所有人员安全离开火灾现场。

（2）切断火源

切断火源是灭火的基本步骤之一。应尽快关闭电源、气源等可能引发或助长火灾的设备或管道，以遏制火势蔓延。

（3）抑制火势

抑制火势是灭火的关键步骤之一。可以通过使用灭火器、灭火器具（如灭火器、灭火栓）、灭火系统（如喷淋系统、泡沫系统）等工具和装置，将适当的灭火剂投射到火源上，以抑制火势的扩大和蔓延。

（4）遏制火势蔓延

当火势无法迅速扑灭时，应采取措施遏制火势的蔓延。可以采用设置防火带、湿毛巾、湿布等方式，将可燃物与火源隔离开来，以减少火势的传播。

（5）利用适当的灭火剂

不同类型的火灾需要使用适合的灭火剂进行扑灭。常见的灭火剂包括水、砂土、泡沫、干粉、二氧化碳等。选择正确的灭火剂可以更有效地灭火。

（6）善用灭火设备和工具

不同的火灾场景可能需要不同的灭火设备和工具。在灭火时，应熟悉并善用各种灭火设备和工具的使用方法，确保灭火行动的有效性。

114. 灭火器的分类

（1）按操作方式分类

按操作方式分类，灭火器可分为手提式灭火器、推车式灭火器、悬挂式灭火器和手抛式灭火器等。其中手提式灭火器、推车式灭火器为常规配备的灭火器。

①手提式灭火器

手提式灭火器是能在其内部压力作用下，将所装的灭火剂喷出以扑救火灾，并可手提移动的灭火器具。手提式灭火器的灭火剂充装量一般小于 20 千克，是应用最为广泛的灭火器材，在各类场所建筑中均有配置。

②推车式灭火器

推车式灭火器是指装有轮子的可由一人推（或拉）至火场，并能在其内部压力作用下，将所装的灭火剂喷出以扑救火灾的灭火器具。推车式灭火器的灭火剂充装量一般在 20 千克以上，主要适用于灭火需求量大、便于推车移动的场所，如加油站、加气站、天然气压缩机厂房等。

（2）按驱动灭火器的压力形式分类

按驱动灭火器的压力产生方式分类，灭火器可分为贮气瓶式灭火器和贮压式灭火器等。

①贮气瓶式灭火器

贮气瓶式灭火器是指灭火剂由灭火器的贮气瓶释放的压缩气体或液化气体压力驱动的灭火器。

②贮压式灭火器

贮压式灭火器是指灭火剂由贮存于灭火器同一容器内的压缩气体或灭火剂蒸气压力驱动的灭火器。

（3）按充装的灭火剂分类

按充装的灭火剂分类，灭火器可分为水基型灭火器、干粉灭火器、二氧化碳灭火器和洁净气体灭火器等。

①水基型灭火器

水基型灭火器是指内部充入的灭火剂是以水为基础的灭火器，一般由水、氟碳催渗剂、碳氢催渗剂、阻燃剂、稳定剂等多组分配合而成，以二氧化碳（或氮气）为驱动气体，是一种高效的灭火器。常用的水基型灭火器有清水灭火器、水基型泡沫灭火器和水基型水雾灭火器三种。

清水灭火器是指筒体中充装的是清洁的水，并以二氧化碳为驱动气体的灭火器。一般有 6L 和 9L 两种规格。

水基型泡沫灭火器一般使用水成膜泡沫灭火剂（AFFF），以氮气为驱动气体的灭火器。水成膜泡沫灭火剂可在烃类物质表面迅速形成一层能抑制其蒸发的水膜，靠泡沫和水膜的双重作用迅速有效地灭火，是化学泡沫灭火器的更新换代产品。

水基型水雾灭火器是通过在水中添加少量的有机物或无机物改进水的流动性能、分散性能、润湿性能和附着性能等，从而达到提高灭火效率的一种高科技环保型灭火器。水基型水雾灭火器具有绿色环保（灭火后药剂可 100％生物降解，不会对周围设备与空间造成污染）、高效阻燃、抗复燃性强、灭火速度快、渗透性强等优点。

②干粉灭火器

干粉灭火器是利用氮气作为驱动气体，将筒内的干粉喷出灭火的灭火器，是我国目前使用最为广泛的灭火器。常见的干粉灭火器有以下两种。

碳酸氢钠干粉灭火器。也称为 BC 干粉灭火器，是以碳酸氢钠为主料制作的干粉作为灭火剂的灭火器。可用于扑灭液体、气体火灾。

磷酸铵盐干粉灭火器。也称为 ABC 干粉灭火器，是以磷酸铵盐为主料制作的干粉作为灭火剂的灭火器。可用于扑灭固体、液体、气体火灾。

③二氧化碳灭火器

二氧化碳灭火器是以二氧化碳为灭火剂；通过降低空间的氧浓度，从而实现窒息灭火的灭火器。

二氧化碳灭火器在灭火时具有两大作用：一是窒息作用，当把二氧化碳释放到灭火空间时，由于二氧化碳迅速汽化、稀释燃烧区的空气，当空气的氧气含量减少到低于维持物质燃烧所需的极限含氧量时，物质就不会继续燃烧而熄灭；二是冷却作用，当二氧化碳从瓶中释放出来，由液体迅速膨胀为气体，会产生冷却效果，致使部分二氧化碳瞬间转变为固态的干冰，在干冰迅速汽化的过程中要从周围环境中吸收大量的热量，从而达到灭火的目的。二氧化碳灭火器具有流动性好、喷射率高、不腐蚀容器和不易变质等优良性能，可用来扑救图书、档案、贵重设备、精密仪器、600 伏以下电气设备及油类的初起火灾。

④洁净气体灭火器

洁净气体灭火器是将洁净气体灭火剂直接加压充装在容器中的灭火器。灭火器使用时，灭火剂从灭火器中排出，形成气雾状射流射向燃烧物，当灭火剂与火焰接触时发生一系列物理、化学反应，使燃烧中断，从而达到灭火的目的。洁净气体灭火器适用于扑救可燃液体、可燃气体和可熔化的固体物质以及带电设备的初起火灾，可在图书馆、宾馆、档案室、商场以及各种公共场所使用。

115. 灭火器的使用方法

（1）手提式干粉灭火器

使用手提式干粉灭火器时，应手提灭火器的提把或肩扛灭火器到火场。在距燃烧物3米左右放下灭火器，拔出保险销，一只手握住开启压把，另一只手握在喷射软管前端的喷嘴处。如果灭火器无喷射软管，则可一只手握住开启压把，另一只手扶住灭火器底部的底圈部分。先将喷嘴对准燃烧处，用力握紧开启压把，对准火焰根部扫射。在使用干粉灭火器灭火的过程中要注意，如果在室外，操作人员应尽量选择站在上风方向。

（2）手提式二氧化碳灭火器

灭火时只要将灭火器提到火场，在距燃烧物3米左右放下灭火器，拔出保险销，一只手握住喇叭筒根部的手柄，另一只手紧握启闭阀的压把。对没有喷射软管的二氧化碳灭火器，应把喇叭筒往上扳70°~90°。灭火时，当可燃物呈流淌状燃烧时，使用者将二氧化碳灭火剂的喷流由近而远向火焰喷射。如果可燃液体在容器内燃烧，则使用者应将喇叭筒提起，从容器的一侧上部向燃烧的容器中喷射，但不能使二氧化碳射流直接冲击可燃液面，以防止将可燃液体冲出容器而扩大火势，造成灭火困难。使用二氧化碳灭火器扑救电气火灾时，如果电压超过600伏，应先断电后灭火。

需要注意的是，使用二氧化碳灭火器时，在室外使用的，应选择在上风方向喷射，使用时宜佩戴手套，不能直接用手抓住喇叭筒外壁或金属连接管，以防手被冻伤；在室内狭小空间使用的，灭火后操作者应迅速离开，以防窒息。

（3）推车式灭火器

推车式灭火器一般由两人配合操作，使用时两人一起将灭火器推或拉到燃烧处，在距燃烧物约 10 米时停下，一人快速取下喷枪（二氧化碳灭火器为喇叭筒）并展开喷射软管，然后握住喷枪（二氧化碳灭火器为喇叭筒根部的手柄），另一人快速按逆时针方向旋动手轮，并开到最大位置。灭火方法和注意事项与手提式灭火器基本一致。

116. 灭火器的灭火机理

灭火器的灭火机理是指灭火器在一定环境条件下实现灭火目的所采取的具体工作方式及其特定的规则和原理。灭火的方法有冷却、窒息、隔离等物理方法，也有化学抑制的方法，不同类型的火灾需要有针对性的灭火方法。灭火器正是根据这些方法专门设计和研制的，因此各类灭火器也有着不同的灭火机理，以下仅就最为常用的干粉灭火器和二氧化碳灭火器加以说明。

（1）干粉灭火器

干粉灭火器的主要灭火机理，一是靠干粉中的无机盐的挥发性分解物，与燃烧过程中燃料所产生的自由基或活性基团发生化学抑制和催化作用，使燃烧的链式反应中断而灭火；二是靠干粉的粉末落在可燃物表面发生化学反应，并在高温作用下形成一层玻璃状覆盖层，从而隔绝氧气，进而窒息灭火。另外，还有部分稀氧和冷却作用。

（2）二氧化碳灭火器

二氧化碳作为灭火剂已有 100 多年的历史，其价格低廉，获取、制备容易。二氧化碳主要依靠窒息作用和部分冷却作用灭火。二氧化碳具有较高的密度，约为空气的 1.5 倍。在常压下，液态的二氧化碳会立即汽化，一般 1 千克的液态二氧化碳可产生约 0.5 立方米的气体。因而灭火时，二氧化碳气体可以排除空气而包围在燃烧物体的表面或分布于较密闭的空间中，降低可燃物周围和防护空间内的氧浓度，产生窒息作用而灭火。另外，二氧化碳从储存容器中喷出时，会由液体迅速汽化成气体，从而从周围吸收部分热量，起到冷却的作用。

117. 灭火器配置的基本原则

对于生产、使用或储存可燃物的新建、改建、扩建的工业与民用建筑（生产或储存炸药、弹药、火工品、花炮的厂房或库房除外），均须按照消防法规及相关规范的要求配置灭火器。

（1）灭火器应设置在位置明显和便于取用的地点，且不得影响安全疏散。

（2）对有视线障碍的灭火器设置点，应设置指示其位置的发光标志。

（3）灭火器的摆放应稳固，其铭牌应朝外。手提式灭火器宜设置在灭火器箱内或挂钩、托架上，其顶部离地面高度不应大于 1.5 米，底部离地面高度不宜小于 0.08 米。灭火器箱不应上锁。

（4）灭火器不应设置在潮湿或强腐蚀性的地点，当必须设置时，应有相应的保护措施。当灭火器设置在室外时，也应有相应的保护措施。

（5）灭火器不得设置在超出其使用温度范围的地点。

（6）同一灭火器配置场所宜选用相同类型和操作方法的灭火器。当同一灭火器配置场所存在不同火灾种类时，应选用通用型灭火器。

（7）同一灭火器配置场所选用两种或两种以上类型灭火器时，应采用灭火剂相容的灭火器。不相容的灭火剂举例见下表。

灭火剂类型	不相容的灭火剂	
干粉与干粉	磷酸铵盐	碳酸氢钠、碳酸氢钾
干粉与泡沫	碳酸氢钠、碳酸氢钾	蛋白泡沫
泡沫与泡沫	蛋白泡沫、氟蛋白泡沫	水成膜泡沫

118. 影响灭火器配置的主要因素

（1）灭火器配置场所的火灾种类。

（2）灭火器配置场所的危险等级。

（3）灭火器的灭火效能和通用性。

（4）灭火剂对保护物品的污损程度。

（5）灭火器设置点的环境温度。

（6）使用灭火器人员的体能。

119. 灭火器的类型选择

《火灾分类》（GB/T 4968-2008）根据可燃物的类型和燃烧特性，将火灾分为六类，各种类型的火灾所适用的灭火器类型所不同。

（1）A类火灾场所应选择同时适用于A类、E类火灾的灭火器。

（2）B类火灾场所应选择适用于B类火灾的灭火器。B类火灾场所存在水溶性可燃液体（极性溶剂），所以选择水基型灭火器时，应选用抗溶性的水基型灭火器。

（3）C类火灾场所应选择适用于C类火灾的灭火器。

（4）D类火灾场所应根据金属的种类、物态及其特性选择适用于该特定金属的专用灭火器。

（5）E类火灾场所应选择适用于E类火灾的灭火器。带电设备电压超过1千伏且灭火时不能断电的场所，不应利用灭火器进行带电扑救。

（6）F类火灾场所应选择适用于E类、F类火灾的灭火器。

（7）当配置场所存在多种火灾时，应选用能同时适用扑救该场所所有种类火灾的灭火器。

120. 干粉灭火器使用前究竟需不需要"摇一摇"

市面上正规渠道售卖的合格干粉灭火器，使用前不需要"摇一摇"。只需要记住"提、拔、握、压"的使用口诀即可。现在，干粉灭火器技术非常成熟，瓶体内部压力是保持平衡的，干粉也是保持在"蓄势待发"的松散状态，合格干粉灭火器中的干粉都要符合国家标准，且通过了喷射性能、灭火性能等考核，只要压力指针在灭火器"绿区"范围内，就可以正常喷射。但如果是假冒伪劣的灭火器，干粉质量不过关，出现结块现象，那就不能保证了，或许"摇一摇"也拯救不了它的"病入膏肓"。

121. 二氧化碳灭火器的使用注意事项

（1）使用时，手不能直接抓住喇叭筒外壁或金属连接管，以防手被冻伤；

（2）可燃液体呈流淌状燃烧时，使用者应将二氧化碳灭火剂的喷流由近而远向火焰喷射；

（3）可燃液体在容器内燃烧，使用者应将喇叭筒提起，从容器的一侧上部向燃烧的容器中喷射，但不能将二氧化碳喷流直接冲击可燃液面，以防将可燃液体冲出容器而扩大火势，造成灭火困难；

（4）室外使用时，应选择上风方向喷射；室内窄小空间使用时，用后操作者应迅速离开，以防窒息。

122. 二氧化碳灭火器的日常检查方法

（1）检查灭火器的外观：检查灭火器外壳是否有严重磨损或裂纹。如果有，应立即更换灭火器。

（2）检查灭火器压力表：检查灭火器压力表上的指针是否在绿色区域内。如果指针在红色区域内，说明灭火器压力不足，需要重新充装或更换。

（3）检查灭火器的管路和各部件：检查灭火器的管路和各部件是否有松动、损坏或腐蚀等情况。如果有，应立即修理或更换。

（4）检查灭火器的喷嘴：检查灭火器的喷嘴是否有堵塞或损坏等情况。如果有，应立即清洗或更换。

（5）检查灭火器的使用说明：检查灭火器上是否有明显的使用说明，如何使用、注意事项等。必要时，应向专业人员咨询。

（6）做好灭火器的存放：灭火器应存放在干燥、通风、防潮、防尘和避光的地方，避免阳光直接照射。

123. 泡沫灭火器的适用对象、使用方法和注意事项

泡沫灭火器适用于扑救一般 B 类火灾，如油制品、油脂等火灾，也可适用于 A 类火灾，但不能扑救 B 类火灾中的水溶性可燃、易燃液体的火灾，如醇、酯、醚、酮等物质火灾；也不能扑救 C 类、D 类和 E 类火灾。

使用方法和注意事项：可手提筒体上部的提环，迅速奔赴火场。当距离着火点 5 米左右，即可拔出保险销，一手握住喷管的手柄，另一只手紧握启闭阀的压把，将射流对准燃烧物。在扑救可燃液体火灾时，如已呈流淌状燃烧，则将泡沫由远而近喷射，使泡沫完全覆盖在燃烧液面上；如在容器内燃烧，应将泡沫射向容器的内壁，使泡沫沿着内壁流淌，逐步覆盖着火液面。切忌直接对准液面喷射，以免由于射流的冲击，反而将燃烧的液体冲散或冲出容器，扩大燃烧范围。在扑救固体物质火灾时，应将射流对准燃烧最猛烈处。灭火时随着有效喷射距离的缩短，使用者应逐渐向燃烧区靠近，并始终将泡沫喷在燃烧物上，直到扑灭。泡沫灭火器存放应选择干燥、阴凉、通风并取用方便之处，不可靠近高温或可能受到暴晒的地方，以防止碳酸分解而失效。冬季要采取防冻措施，以防止冻结，并应经常擦除灰尘、疏通喷嘴，使之保持通畅。

124. 为什么小火一吹就灭，大火越吹越旺

我们向大火吹气，虽然也会带走热量，但由于大火与空气的接触面积比较大，带走的热量不足以使温度降低到着火点以下，反而为物质燃烧提供了氧气（空气）。气吹得越多，提供的氧气（空气）就越多，火会越来越旺。

当发生火灾时，如果发现火势并不大且尚未对人体造成很大威胁时，一定要保持冷静，注意运用平时学习掌握的灭火知识，在保证自身安全的基础上，就近利用消火栓、灭火器或其他灭火器材进行灭火，奋力将小火控制、扑灭，千万不要惊慌失措地乱叫乱窜，置小火于不顾而酿成大灾，可同时拨打 119 报警求助。

2019 年 9 月 29 日，浙江宁波某日用品有限公司发生重大

火灾事故，造成19人死亡，3人受伤（其中2人重伤、1人轻伤），过火总面积约1100平方米，直接经济损失约2380.4万元。

该起火灾发生初期的视频显示，发生火灾后，灭火器就在旁边，员工却不知使用，竟用嘴吹、纸板扑打、覆盖塑料桶等方法灭火，最终小火酿大火，造成19人死亡。

125. 初期火灾扑救的基本原则

火灾现场人员在扑救初期火灾时，应运用"先控制，后消灭""救人重于救火""先重点，后一般"的基本原则。

（1）先控制，后消灭的原则。先控制，后消灭，指的是对于不可能立即扑灭的火灾，要首先控制火势蔓延，在具备扑灭火灾的条件时，再展开全面进攻，一举消灭。义务消防队灭火时，应当根据火灾情况和本身力量灵活运用这一原则。对于能扑灭的火灾，要抓住战机，迅速消灭。若火势较大，灭火力量相对薄弱，或由于其他原因不能立即扑灭时，就要把主要力量放在控制火势发展或防止爆炸、泄漏等危险情况的发生上，为避免火势扩大、彻底扑灭火灾创造有利条件。先控制，后消灭，在灭火过程中是紧密相连的，只有首先控制住火势，才能迅速将其扑灭。控制火势要依据火场的具体情况，采取相应措施。根据不同的火灾现场，常见的做法有下列几种。

①建筑物失火。当建筑物一端起火向另一端蔓延时，可由中间适当部位控制；建筑物的中间着火时，应从两侧控制，以下风方向为主，发生楼层火灾时，应由上下控制，以上层为主。

②油罐失火。油罐起火之后，要冷却燃烧油罐，以降低其燃烧强

度，保护罐壁；同时要注意冷却邻近油罐，防止由于温度升高而爆炸起火。

③管道失火。当管道起火时，要迅速关闭阀门，以断绝可燃物；堵塞漏洞，避免气体或液体扩散；同时要保护受火势威胁的生产装置及设备等。

④易燃易爆单位（或部位）失火。要设法消灭火灾，以排除火势扩大及爆炸的危险；同时要疏散保护有爆炸危险的物品，对不能迅速灭火及不易疏散的物品要采取冷却措施，防止受热膨胀爆裂或者起火爆炸而扩大火灾范围。

⑤货场堆垛失火。一垛起火，应当控制火势向邻垛蔓延。货区的边缘堆垛起火，应控制火势向货区内部蔓延；中间垛起火，应当保护周围堆垛，以下风方向为主。

（2）救人重于救火的原则。救人重于救火，指的是火场上如果有人受到火势威胁，义务消防队员的首要任务就是把被火围困的人员抢救出来。运用这一原则，要依据火势情况和人员受火势威胁的程度而定。在灭火力量较强时，灭火和救人可以同时进行，但绝不能由于灭火而贻误救人时机。人未救出之前，灭火目标是为了将救人通道打开或减弱火势对人员威胁程度，从而更好地为救人脱险、及时扑灭火灾创造条件。

（3）先重点，后一般的原则。先重点，后一般，是就整个火场情况而言的。运用这一原则，要全面了解并认真分析火场的情况，主要如下。

①人与物相比，救人是重点。

②贵重物资与一般物资相比，保护和抢救贵重物资是重点。

③火势蔓延猛烈的方面与其他方面相比，控制火势蔓延猛烈的方面是重点。

④有爆炸、毒害以及倒塌危险的方面和没有这些危险的方面相比，处置这些危险的方面是重点。

⑤火场上的下风方向与上风、侧风方向相比，下风方向为重点。

⑥可燃物资集中区域与这类物品较少的区域相比，可燃物资集中区域是保护重点。

⑦要害部位与其他部位相比，要害部位是重点。

126. 初期火灾扑救的指挥要点

实践证明，扑灭火灾的最有利时机是在火灾的初起阶段。要做到及时控制及消灭初期火灾，主要是依靠义务消防队。由于他们对本单位的情况最了解，发生火灾后能在消防救援队和专职消防队到达之前，最先到达火场。因此发生火灾后，首先由起火单位的领导或者义务消防队的领导进行组织指挥；当本单位专职消防队到达火场时，由单位专职消防队的领导负责组织指挥；当消防救援队到达火场时，由消防救援队的领导统一组织指挥。扑救初期火灾的组织指挥工作主要做好下列几点。

（1）及时报警，组织扑救。无论在任何时间和场所，发现起火，要立即报警，并参与和组织群众扑救火灾。报警的对象、内容、方法以及要求如前所述。

（2）积极抢救被困人员。当火场中有人被围困时，要组织人员积极抢救。

（3）疏散物资，建立空间地带。要组织一定的人力及机械设备，将受到火势威胁的物资疏散到安全地带，以防止火势蔓延，减少火灾损失。

（4）防止扩大环境污染。火灾的发生，常常会对环境造成污染。泄漏的有毒气体、液体和灭火用的泡沫等还会对大气或水体造成污染。有时，燃烧的物料，不扑灭只会对大气造成污染，若扑灭早了反而会对水体造成更严重的污染。若燃烧的火焰不会对人员或其他建筑物、设备构成威胁时，在泄漏的物料无法收集的情况下，灭火指挥员应果断决定，宁肯让其烧完也不宜将火扑灭，以避免对环境造成更大的污染等危害。

127. 发电机和电动机的火灾扑救方法

发电机和电动机等电气设备都属于旋转电机类，这类设备的特点是绝缘材料比较少，这是和其他电气设备比较而言的，而且有比较坚固的外壳，如果附近没有其他可燃易燃物质，且扑救及时，就可防止火灾扩大蔓延。由于可燃物质比较少，可用二氧化碳灭火器扑救。大型旋转电机燃烧猛烈时，可用水蒸气和喷雾水扑救。实践证明，用喷雾水扑救的效果更好。扑救旋转电机不要用砂土，以防硬性杂质落入电机内，使电机的绝缘和轴承等受到损坏而造成严重后果。

128. 变压器和油断路器火灾扑救方法

变压器和油断路器等充油电气设备发生燃烧时，切断电源后的扑救方法与扑救可燃液体火灾相同。如果油箱没有破损，可以用干粉灭火器或二氧化碳灭火器等进行扑救。如果油箱已经破裂，大量变压器的油燃烧，火势凶猛时，切断电源后可用喷雾水或泡沫扑救。油开关着火或有流散的油火，可用喷雾水或泡沫扑救。流散的油量不多时，也可用砂土压埋。

129. 变、配电设备火灾扑救方法

变配电设备，有许多瓷质绝缘套管，这些套管在高温状态遇急冷或不均匀冷却时，容易爆裂而损坏设备，可能使火势进一步扩大蔓延。所以遇到这种情况最好用喷雾水灭火，并注意均匀冷却设备。

130. 封闭式电烘干箱火灾的处置方法

封闭式电烘干箱内被烘干物质燃烧时，切断电源后，由于烘干箱内的空气不足，燃烧不能继续，温度下降，燃烧会逐渐被窒息。因此，发现电烘箱冒烟时，应立即切断烘干箱的电源，并且不要打开烘干箱。不然，由于进入空气，反而会使火势扩大，如果错误地往烘干箱内泼水，会使电炉丝、隔热板等遭受损坏而造成不应有的损失。

如果是车间内的大型电烘干室内发生燃烧，应尽快切断电源。当可燃物质比较多，且有蔓延扩大的危险时，应根据烘干物质的情况，采用喷雾水枪或直流水枪扑救，但在没有做好灭火准备工作时，不应把烘干室的门打开，以防火势扩大。

131. 什么是电气火灾

电气火灾一般是指由于电气线路、用电设备以及供配电设备出现故

障性释放热能，如高温、电弧、电火花以及非故障性释放热能，如电热器具的炽热表面，在具备燃烧条件下引燃本体或其他可燃物而造成的火灾，也包括由雷电和静电引起的火灾。

132. 电气火灾是如何发生的

通过对众多电气火灾事故的统计分析发现，引发电气火灾的原因主要是电气故障，或电器设备使用、维护不当。

（1）配电线路短路

配电线路中发生短路的表象特征为线路内电流急剧增大，使带电导体温度急剧升高，引燃电线电缆的绝缘外皮及周边可燃物，进而引发火灾。

（2）配电线路过负荷

配电线路中发生过负荷的表象特征与线路中发生短路故障的特征相似，也表现为线路内电流增大，造成带电导体温度升高，导致电线电缆的绝缘性能下降，引发线路的短路或产生电弧放电，线路短路或电弧产生的高温引燃电线电缆的绝缘外皮及周边可燃物，从而引发火灾。

（3）配电线路接触不良

配电线路的带电导体之间、带电导体与连接端子之间连接不可靠，导致接触电阻增加，在接头处产生高温，引燃周围可燃物从而引发火灾；连接处的接触不良也可能产生电弧放电，电弧产生的高温引燃周边可燃物从而引发火灾。

（4）电气设备使用不当及功能性故障

由于电气取暖设备、电热设备使用不当，设备产生的高温引燃周边可燃物从而引发火灾；或由于电气设备使用维护不当，电气设备自身出现功能性故障从而引发火灾。

133. 如何预防电气线路短路

电气线路短路有三种情况：接地短路、线间短路、完全短路。短路会造成火灾。防止短路必须做到以下几方面。

（1）安装使用电气设备时，应根据电路的电压、电流强度和使用性质，正确配线。

（2）在具有酸性、高温或潮湿场所，要配用耐酸防腐蚀、耐高温和防潮电线。

（3）导线应安装牢固，防止脱落，不能将导线打结或将电线紧紧挂在铁丝或铁钉上。

（4）移动电力工具的导线，要有良好的保护层，以防其损伤、脱落。

（5）严禁将导线裸端插在插座上。

（6）电源总开关、分开关均应安装适合的保险装置，并定期检查电流运行情况，及时消除隐患。

134. 如何预防超过负荷引发的火灾

导线都有一定的负荷，当电流强度超过导线负荷时，导线温度骤增，会导致导线绝缘层着火，使附近的可燃物燃烧，造成火灾。应采取以下措施预防火灾的发生。

（1）所有电气设备都应严格按照电气安全规程选配相应的导线，并正确安装，不得随意乱拉乱接。

（2）超负荷的电路，应改换合适的导线或去掉电路上过多的电力工具，或根据生产程度和需要，分出先后，控制使用。

（3）为防止三相电动机单相运行，要在三相开关配电板上安装单相运行的信号灯。

（4）电路总开关、分开关均应安装与导线安全载流量相适应的易熔断的保险器。

135. 怎样对照明灯具进行防火

照明灯具防火主要是灯泡防火和日光灯防火。灯泡通电后，表面温度相当高。如果散热条件不良，在它们强烈的辐射热作用下，可以导致周围的可燃物燃烧。日光灯火灾的罪魁祸首是镇流器。

（1）灯泡防火

①严禁用纸灯罩，或用布包灯泡。

②在可能受到撞击的地方，灯泡应有牢固的金属网罩。

③不能让灯泡过分靠近衣服、蚊帐、板壁、稻草、棉花及其他可燃物，起码要保持30厘米的距离。

（2）日光灯防火

①安装日光灯要注意通风散热，不要紧贴木板并防止漏雨、潮湿。

②安装镇流器时，镇流器底部要朝上，不能竖装，以防其中的沥青熔化外溢。

③使用中如果听到镇流器发出响声，手摸时温度很高，或者闻到焦味，要及时切断电源检查。

136. 怎样预防接触电阻引发的火灾

当一根导线与另一根导线或导线与开关、保险装置、仪表及电气用具连接的地方接触不良时，就会形成一种电阻，叫接触电阻。如果接触电阻过大，在电流通过时，接触处会发热，致使电线绝缘层着火，金属导线熔断，产生火花，烧着附近可燃物，造成火灾。

（1）凡导线与导线或导线与开关、保险装置、电气用具连接时，先要将导线的氧化层、油脂等杂质清除干净，而且连接要牢靠。

（2）截面积为 6 平方毫米至 102 平方毫米的导线，应用焊接方法连接。截面积为 102 平方毫米以上的导线，应采用接线片连接。

（3）应经常对线路连接部位进行检查，发现接点松动、发热时，要及时处理。

137. 如何防止电火花的产生

电气设备产生火花或电弧，极易引发易燃易爆气体、粉尘的燃烧乃至爆炸。

（1）经常用外部检查和检查绝缘电阻的方法来监视绝缘层的好坏。

（2）防止裸体电线和金属体相接触，以防短路。

（3）在有易燃易爆液体、气体的房屋内，要安装防爆或密封隔离式的照明灯具、开关及保险装置。如果确无这种防爆设备，也可将开关、保险装置、照明灯具安装在屋外或单独安装在一个房屋内，禁止在带电情况下更换电灯泡或修理电气设备。

138. 如何对电气火灾进行扑救

（1）当电力线路、电气设备发生火灾，引着附近的可燃物时，一般都应采取断电灭火的方法，即根据火场的不同情况，及时切断电源，然后进行扑救。

（2）要注意千万不能先用水救火，因为电气线路、设备一般来说都是带电的，用水救火可能会使人触电，而且还达不到救火的目的，损失会更加惨重。

（3）发生电气火灾，只有在确定电源已经被切断的情况下，才可以用水来灭火。在不能确定电源是否被切断的情况下，可用干粉、二氧化碳、四氯化碳等灭火剂扑救。

139. 车辆自燃的原因及解决方法

（1）电路油路引起的自燃

原因：电路、油路因老化出现破损。

解决方法：养成定期检查发动机油路电路的好习惯。出现破损，及时到专业的维修店进行维护。

（2）易燃物引起的自燃

原因：打火机、香水、摩丝、充电宝、老花镜这些物品，放在车内被太阳光线聚焦的地方，容易引发火灾。

解决方法：车内不放易燃易爆物品。

（3）长期暴晒引起的自燃

原因：长时间停放在烈日下暴晒，汽车温度升高容易引发自燃。

解决方法：将汽车停放在室内停车场或者树荫下。

（4）私自改装引起的自燃

原因：私自改装车辆容易导致车内电路系统出现异常。

解决方法：不要私自改装车辆，如需改装找专业的技术人员。

140. 车辆发生自燃应该如何正确处置

车辆在自燃前会有两次自救机会。第一次是当闻到橡胶煳味或明显汽油味时，应立即靠边停车熄火检查；第二次是看到发动机舱冒烟时，离明火还有 10 秒黄金时间，此时可尝试自救灭火，需要注意的是，千万不要过大打开机舱盖，否则氧气介入会发生爆燃。另外，如果火势过大，应远离车辆等待救援，时刻注意安全第一。

若汽车在行驶过程中发生火灾，我们要立即靠右停车，熄火打开双闪灯，迅速下车，撤离到安全地带，确保人身安全，同时要拨打 119 报警电话，让消防员赶到现场进行扑救。如果火灾处于初期阶段，且火势不大，可在确保人身安全的情况下，使用车上或者是周围可以拿到的灭火器材进行扑救；如果火势较大，要赶紧离开，及时疏散乘客和周围群众或者好心帮助的非专业人士，避免造成伤害。

141. 人身着火时的扑救措施

（1）当身上套着几件衣服时，火一下是烧不到皮肤的。应将着火的外衣迅速脱下来。有纽扣的衣服可用双手抓住左右衣襟猛力撕扯将衣服脱下，不能像平时那样一个一个地解纽扣，因为时间来不及。如果穿的是拉链衫，则要迅速拉开拉链将衣服脱下。

（2）身上如果穿的是单衣，应迅速趴在地上；背后衣服着火时，应仰面躺在地上；衣服前后都着火时，则应在地上来回滚动，利用身体隔绝空气，覆盖火焰，窒息灭火。但在地上滚动的速度不能快，否则火不容易压灭。

（3）在家里，使用被褥、毯子或麻袋等物灭火，效果既好又及时，只要打开后遮盖在身上，然后迅速趴在地上，火焰便会立刻熄灭；如果旁边正好有水，也可用水浇。

（4）在野外，如果附近有河流、池塘，可迅速跳入浅水中；但若人体已被烧伤，而且创面皮肤已烧破时，则不宜跳入水中，更不能用灭火器直接往人体上喷射。

142. 不能用水扑救的火灾

（1）带电火灾

在没有良好的接地设备或没有切断电源的情况下，用水扑救着火电气设备，可能造成触电或对设备造成极大损害，应选用干粉灭火器、二氧化碳灭火器灭火。

（2）油脂类、酒精类火灾

轻于水且不溶于水的可燃液体火灾，如油脂、酒精，若用水扑，可燃液体会浮在水面上，随水流散，促使火势蔓延。扑灭此类火灾，应采用空气隔离法，用物体迅速将燃烧物体盖住，达到隔离空气的效果来灭火。

（3）燃气类火灾

燃气（如液化石油气、煤气、天然气）火灾，不能用水扑救，一般要先关闭管道阀门，用水冷却容器、管道，再选用干粉灭火器、二氧化碳灭火器灭火。

（4）碱金属类火灾

碱金属（如钾、钠）火灾不能用水扑救。因为水遇碱金属后，会发生剧烈化学反应生成大量氢气，释放出大量的热，容易引起爆炸。一般采用干砂或泥土覆盖扑灭。

（5）金属碳化物类火灾

金属碳化物火灾不能用水扑救。如碳化钙（电石）遇水分解并释放出大量的热，易使燃烧扩大或发生爆炸。可以用干粉灭火器进行扑救。

（6）可燃粉尘类火灾

可燃粉尘火灾，应避免直接使用直流喷射水扑灭，以防粉尘扩散形成爆炸性混合物。对于金属粉尘，如铝粉、镁粉等，可采用砂土或干粉灭火器覆盖灭火。对于植物性粉尘，如面粉、糖粉等，宜用二氧化碳灭火器、七氟丙烷等洁净气体灭火器或干粉灭火器灭火。

第五章

强化风险管控，夯实安全生产基础

143. 企事业单位消防安全管理的要求

（1）坚持贯彻落实"预防为主、防消结合"的工作方针。

（2）认真学习消防知识和相关消防法规，熟悉岗位操作规程及各种消防设备、灭火器材的使用方法。

（3）熟悉消防设施、灭火器材放置位置、周边环境和水源设备位置，做好消防设施、灭火器材的日常维护和保管工作。

（4）严格遵守消防安全管理制度，避免任何违反岗位操作规程和违反消防安全规定的行为发生。

（5）加强火源、电源和易燃易爆危险品的管理，掌握重点消防部位的基本情况，保证消防安全疏散通道和安全出口畅通。

（6）健全消防安全组织，加强消防安全领导。建立健全专门的消防安全组织，明确一名主要领导分管消防安全工作，建立义务消防安全队伍，真正把消防工作纳入重要议事日程，纳入工作计划。

（7）加强消防安全培训教育。通过教育培训，了解必要的消防安全知识，掌握必要的消防安全技术，会使用室内所配备的消防器材，会自动报警，会扑救初起火灾，会组织安全疏散。

企事业单位消防安全制度主要包括以下内容：消防安全教育、培训；防火巡查、检查；安全疏散设施管理；消防（控制室）值班；消防设施、器材维护管理；火灾隐患整改；用火、用电安全管理；易燃易爆危险物品和场所防火防爆；专职和义务消防队的组织管理；灭火和应急疏散预案演练；燃气和电气设备的检查和管理（包括防雷、防静电）；消防安全工作考评和奖惩；其他必要的消防安全内容。

144. 企事业单位消防安全检查的组织形式

消防安全检查不是一项临时性措施，不能一劳永逸，它是一项长期的、经常性的工作，因此，单位在组织形式上应采取经常性检查和季节性检查相结合、群众性检查和专门机关检查相结合、重点检查和普遍检查相结合的原则。其主要组织形式包括单位自查、行业部门的检查、消防监督机关的检查和地区性联合检查。

（1）单位自查

机关、团体、企业、事业单位的自查是组织群众开展经常性防火检查的最基本的形式，它对预防火灾起着十分重要的作用。单位的自查是在各单位消防责任人的领导下，由保卫、安全技术和专（兼）职防火干部以及义务消防队员和有关职工参加。单位的自查应当坚持单位月查、部门周查、班（组）日查的三级检查制度。

单位的消防安全检查，一般有 4 种形式。

①定期检查

根据《机关、团体、企业、事业单位消防安全管理规定》，机关、团体、事业单位应当至少每季度进行一次防火检查，其他单位应当至少每月进行一次防火检查。检查人员由单位的消防安全归口管理部门组织，参加人员可包括单位的消防管理人，消防安全归口管理部门负责人，各部门负责人专（兼）职消防管理员、有关工程技术人员等。同时为了保障单位生产安全和经营，通常实行班组每日查、部门每周查、单位每月查的制度。

②夜间检查

夜间是发生恶性火灾事故的主要时段，开展夜间检查是预防夜间火灾发生的有效措施。这种检查主要依靠夜间值班的领导、警卫和专（兼）

职消防员。重点检查电源、火源、安全出口、疏散通道、值班在位情况等，并注意其他异常情况，及时堵塞防火工作上的漏洞，消除隐患。

③突击检查

这种检查根据季节的不同特点与有关的安全活动结合起来，或在元旦、春节、劳动节、国庆节等重大节日进行。通常由单位领导、安全保卫部门组织并参加。除了对所有部位进行检查，应对重点部位进行重点检查，这种检查是检验单位所属各部门的防火安全措施是否真正落到实处的有效措施。

④防火巡查

防火巡查是指指定人员负责防火巡视检查，以便及时发现火灾苗头，扑救初起火灾。这种检查是社会单位强化日常消防安全管理的重要组织形式。《机关、团体、企业、事业单位消防安全管理规定》第二十五条规定：消防安全重点单位应当进行每日防火巡查，并确定巡查的人员、内容、部位和频次。其他单位可以根据需要组织防火巡查。巡查的内容应当包括：用火、用电有无违章情况；安全出口、疏散通道是否畅通，安全疏散指示标志、应急照明是否完好；消防设施、器材和消防安全标志是否在位、完整；常闭式防火门是否处于关闭状态，防火卷帘下是否堆放物品影响使用；消防安全重点部位的人员在岗情况；其他消防安全情况。

公众聚集场所在营业期间的防火巡查应当至少每 2 小时 1 次；营业结束时应当对营业现场进行检查，消除遗留火种。医院、养老院、寄宿制的学校、托儿所、幼儿园、劳动密集型企业等人员密集场所应当加强夜间防火巡查，其他消防安全重点单位可以结合实际组织夜间防火巡查。消防工作归口管理负责人应经常检查防火巡查制度的落实情况。单位的重点部位、要害部位以及班后不断电点等部位应确定为巡检点；以巡检点为重点的周围区域应确定为巡检区域。单位应根据巡查部位的特点制定巡查表。

（2）行业部门的检查

行业部门的检查是由企业、事业单位的行业主管部门组织实施，对推动和帮助基层单位落实防火安全措施、消除火灾隐患，具有重要的作用。一般有互查、抽查和重点检查3种形式。

①互查

互查是把所属单位的防火负责人和保卫、消防、安全技术等部门的人员组织起来，在同行业中开展相互检查。由于参加检查的都是同行业的行家，往往能发现一些平时不易发现的火险隐患，而且还能促进相互学习。互查也是开展竞赛评比活动的方法之一。

②抽查

抽查主要是了解基层单位消防措施的落实情况，做到以点带面，整体推进防火工作，一般由主管领导组织有关人员，选择一些有代表性的单位或部位进行检查。

③重点检查

重点检查是针对已经检查出来的某些技术性强、整改难度较大的火险隐患进行的。有上级领导参加，邀请有关工程技术人员进行验证，共同研究整改措施。这种检查像医生"会诊"一样，有一定的权威性，因此又称"鉴定性检查"。

（3）消防监督机关的检查

消防监督检查是国家赋予消防救援机构和公安派出所的职能之一，是实施消防监督的重要手段。消防救援机构对机关、团体、企业、事业等单位遵守消防法律、法规的情况依法进行监督检查。公安派出所负责日常消防监督检查、开展消防宣传教育。消防救援机构、公安派出所的工作人员进行消防监督检查，应当出示证件。消防救援机构在消防监督检查中发现火灾隐患的，应当通知有关单位或者个人立即采取措施消除隐患；不及时消除隐患可能严重威胁公共安全的，消防救援机构应当依照规定对危险部位或者场所采取临时查封措施。

（4）地区性联合检查

地区性联合检查由各级人民政府或消防安全委员会根据本地区消防工作的实际需要组织实施。各级消防监督机关应发挥参谋作用，在检查前分析研究火灾情况，提出切实可行的具体检查的计划方案。一般安排在一年一度开展的防火安全活动时期，或冬、春等季节，组织各有关部门力量进行检查。开展这种形式的防火检查，在不同的季节有着不同的要求，检查重点也各有侧重。通过检查扎扎实实地解决一个地区、一个系统在消防安全工作中存在的问题。

145. 企事业单位消防安全检查的方法

消防安全检查的方法指的是在实施消防安全检查过程中所采取的措施或手段。实践证明，只有运用方法正确才可以顺利实施检查，才能对检查对象的安全状况作出正确的评价。总结各地的做法，消防安全检查的具体方法，主要有下列几种。

（1）直接观察法。直接观察法就是用眼看、手摸、耳听以及鼻子嗅等人的感官直接观察的方法。这是日常采用的最基本的方法。比如在日常防火巡查时，用眼看一看哪些不正常的现象，用手摸一摸是否有过热等不正常的感觉，用耳听一听有无不正常的声音，用鼻子嗅一嗅是否有不正常的气味等。

（2）询问了解法。询问了解法就是找第一线的有关人员询问，了解本单位消防安全工作的开展情况和各项制度措施的执行落实情况等。这种方法是消防安全检查中不可缺少的手段之一。通过询问可了解到有些平时根本查不出来的火灾隐患。

（3）仪器检测法。仪器检测法指的是利用消防安全检查仪器对电气设备、线路，安全设施，可燃气体、液体危害程度的参数等进行测试，利用定量的方法评定单位某个场所的安全状况，确定是否存在火灾隐患等。

146. 单位消防安全教育培训的对象、形式和内容

各单位根据自身特点，建立健全消防安全教育培训制度，明确机构和人员，保障教育培训工作经费，重点对下列人员进行不同形式的消防安全教育培训：①新上岗和进入新岗位的职工岗前培训；②在岗的职工定期培训；③消防安全责任人、消防安全管理人专业培训。

单位应当组织新上岗和进入新岗位的员工进行上岗前的消防安全培训。消防安全重点单位对每名员工应至少每年进行一次消防安全培训。人员密集场所应至少每半年组织一次员工消防安全培训。

消防安全教育培训形式主要包括：定期开展全员消防教育培训，落实从业人员上岗前消防安全培训制度；组织全体从业人员参加灭火、疏散演练；到消防安全教育场馆参观体验，确保人人懂本场所火灾危险性，并会报警、会灭火、会逃生。

单位消防安全教育和培训内容主要包括：①有关消防法规、消防安全制度和保障消防安全的操作规程；②本单位、本岗位的火灾危险性和防火措施；③有关消防设施的性能、灭火器材的使用方法；④报火警、扑救初起火灾以及自救逃生的知识和技能。

除上述培训内容外，人员密集场所还应对本场所的安全疏散路线、引导人员疏散的程序和方法、灭火和应急疏散预案的内容、操作程序等进行教育培训。

147. 单位应多长时间进行一次消防培训

消防安全重点单位对每名员工应当至少每年进行一次消防安全培训，公众聚集场所对员工的消防安全培训应当至少每半年进行一次，单位应当组织新上岗和进入新岗位的员工进行上岗前的消防安全培训。

148. 生产过程中的火灾危险性类别主要是由什么决定的

生产过程的火灾危险性类别主要由生产过程中所使用的材料、中间产品和成品的物理、化学性质和某些危险特性（如燃爆性等）、所用危险物质的能量、生产中采用的设备类型、温度、压力等工艺条件以及其他可能导致发生火灾爆炸危险的条件所决定。

149. 生产火灾危险性分类方法

根据生产中使用或产生的物质性质及其数量等因素划分，把生产的火灾危险性分为五类。

生产类别	使用或产生下列物质生产的火灾危险性特征
甲	1.闪点小于28摄氏度的液体； 2.爆炸下限小于10%的气体； 3.常温下能自动分解或在空气中氧化能导致迅速自燃或爆炸的物质； 4.常温下受到水或空气中水蒸气的作用，能产生可燃气体并引起燃烧或爆炸的物质； 5.遇酸、受热、撞击、摩擦、催化以及遇有机物或硫黄等易燃的无机物，极易引起燃烧或爆炸的强氧化剂； 6.受撞击、摩擦或与氧化剂、有机物接触时能引起燃烧或爆炸的物质； 7.在密闭设备内操作温度不小于物质本身自燃点的生产。
乙	1.闪点不小于28摄氏度，但小于60摄氏度的液体； 2.爆炸下限不小于10%的气体； 3.不属于甲类的氧化剂； 4.不属于甲类的化学易燃固体； 5.助燃气体； 6.能与空气形成爆炸性混合物的浮游状态的粉尘、纤维，闪点不小于60摄氏度的液体雾滴。
丙	1.闪点不小于60摄氏度的液体； 2.可燃固体。
丁	1.对不燃烧物质进行加工，并在高温或熔化状态下经常产生强辐射热、火花或火焰的生产； 2.利用气体、液体、固体作为燃料或将气体、液体进行燃烧作他用的各种生产； 3.常温下使用或加工难燃烧物质的生产。
戊	常温下使用或加工不燃烧物质的生产。

150. "三合一"场所的防火措施

"三合一"场所是指住宿与生产、仓储、经营一种或一种以上使用功能违章混合设置在同一空间内的建筑。该同一建筑空间可以是一独立建筑或一建筑中的一部分，且住宿与其他使用功能之间未设置有效的防火分隔。

"三合一"场所危害：建筑耐火等级不高，室内可燃物多。生活、生产用电设备较多。电器线路私拉乱接、改动频繁。用火、用气不规范。易引发火灾，不易逃生，不易救援。

"三合一"场所防火措施如下。

（1）严格控制使用性质。在具有甲、乙类火灾危险性的生产、储存、经营等场所或建筑中严禁设置住宿场所。

（2）严格落实防火分隔措施。应采用不开设门、窗、洞口的防火墙和耐火极限不低于 1.5 小时的楼板将住宿部分与非住宿部分完全分隔。

（3）严格落实逃生疏散措施。住宿部分与非住宿部分应分别设置独立的疏散设施。场所内的疏散门应采用向疏散方向开启的平开门。

（4）严格落实火源控制措施。"三合一"场所除厨房外不应使用、存放液化石油气和烟花爆竹、油漆、汽油等易燃可燃物品。住宿人员不得卧床抽烟，教育儿童不要玩火，远离火源。

（5）严格控制可燃材料的使用。建筑物吊顶、墙面等装修应用不燃或难燃材料，室外广告牌、遮阳篷等应用不燃或难燃材料制作。

（6）严格落实技术防范措施。在疏散走道、住宿部分、具有火灾危险性的房间、疏散楼梯的顶部应使用自动喷水灭火系统、火灾自动报警系统或独立式感烟火灾探测报警器。场所内应配置灭火器、消防应急照明灯。

"三合一"场所必须另外设置室外疏散楼梯。当住宿人数不超过 5 人且建筑层数不超过四层的场所，可采取设置逃生窗，配置逃生梯、逃生缓降器或架设通往相邻建筑物的逃生通道等方式，作为第二逃生出口。

⬦⬦⬦⬦⬦⬦⬦⬦⬦⬦⬦⬦⬦⬦⬦

2017 年 11 月 18 日，某村发生火灾，造成 19 人死亡，8 人受伤。起火场所是典型的集生产经营、仓储、住人等于一体的"多合一"建筑。起火原因系埋在聚氨酯保温材料内的电气线路出现故障。

⬦⬦⬦⬦⬦⬦⬦⬦⬦⬦⬦⬦⬦⬦⬦

151. 化工企业常见火灾事故原因

（1）投料过量。过量投料，造成反应异常剧烈，引发事故。

（2）设备损坏。导致跑料、漏料、冒料，超温、超压、超量。

（3）误操作。操作过程中误动作或无动作，造成物料配比失调，反应失常。

（4）违章。违章现象频发，引发事故。

152. 什么是动火作业

动火作业是指在直接或间接产生明火的工艺设施以外的禁火区内从事可能产生火焰、火花和炽热表面的非常规作业。包括使用电焊、气焊（割）、喷灯、电钻、砂轮、喷砂机等进行的作业。

2015 年 7 月 5 日，某药业有限公司在冷凝水罐顶焊接作业时，未严格履行公司《动火作业安全管理规定》，没有停车也未进行采样分析，在没有落实与动火设备相连接的所有管线应拆除或加盲板等安全措施的情况下开始动火作业，导致冷凝水罐内甲苯、丁醇等混合气体发生爆炸，造成 3 人死亡，直接经济损失 314.86 万元。

153. 动火作业的分级

固定动火区外的动火作业分为特级动火、一级动火和二级动火三个级别；遇节假日、公休日、夜间或其他特殊情况、动火作业应升级管理。

特级动火作业。在火灾爆炸危险场所处于运行状态下的生产装置设备、管道、储罐、容器等部位上进行的动火作业（包括带压不置换动火作业）；存有易燃易爆介质的重大危险源罐区防火堤内的动火作业。

一级动火作业。在火灾爆炸危险场所进行的除特级动火作业以外的动火作业，管廊上的动火作业按一级动火作业管理。

二级动火作业。除特级动火作业和一级动火作业以外的动火作业。生产装置或系统全部停车，装置经清洗、置换、分析合格并采取安全隔离措施后，根据其火灾、爆炸危险性大小，经危险化学品企业生产负责人或安全管理负责人批准，动火作业可按二级动火作业管理。

154. 动火作业基本要求

（1）动火作业应有专人监护，作业前应清除动火现场及周围的易燃物品，或采取其他有效安全防火措施，并配备消防器材，满足作业现场应急需求。

（2）凡在盛有或盛装过助燃或易燃易爆危险化学品的设备、管道等生产、储存设施及《危险化学品企业特殊作业安全规范》（GB30871-2022）文件中规定的火灾爆炸危险场所中生产设备上的动火作业，应将上述设备设施与生产系统彻底断开或隔离，不应以水封或仅关闭阀门代替盲板作为隔断措施。

（3）拆除管线进行动火作业时，应先查明其内部介质危险特性、工艺条件及其走向，并根据所要拆除管线的情况制定安全防护措施。

（4）动火点周围或其下方如有可燃物、电缆桥架、孔洞、窖井、地沟、水封设施、污水井等，应检查分析并采取清理或封盖等措施；对于动火点周围 15 米范围内有可能泄漏易燃、可燃物料的设备设施，应采取隔离措施；对于受热分解可产生易燃易爆、有毒有害物质的场所，应进行风险分析并采取清理或封盖等防护措施。

（5）在有可燃物构件和使用可燃物做防腐内衬的设备内部进行动火作业时，应采取防火隔绝措施。

（6）在作业过程中可能释放出易燃易爆、有毒有害物质的设备上或设备内部动火时，动火前应进行风险分析，并采取有效的防范措施，必要时应连续检测气体浓度，发现气体浓度超限报警时，应立即停止作业；在较长的物料管线上动火，动火前应在彻底隔绝区域内分段采样分析。

（7）在生产、使用、储存氧气的设备上进行动火作业时，设备内氧含量不应超过 23.5%（体积分数）。

（8）在油气罐区防火堤内进行动火作业时，不应同时进行切水、取样作业。

（9）动火期间，距动火点 30 米内不应排放可燃气体；距动火点 15 米内不应排放可燃液体；在动火点 10 米范围内、动火点上方及下方不应同时进行可燃溶剂清洗或喷漆作业；在动火点 10 米范围内不应进行可燃性粉尘清扫作业。

（10）在厂内铁路沿线 25 米以内动火作业时，如遇装有危险化学品的火车通过或停留时，应立即停止作业。

（11）特级动火作业应采集全过程作业影像，且作业现场使用的摄录设备应为防爆型。

（12）使用电焊机作业时，电焊机与动火点的间距不应超过 10 米，不能满足要求时应将电焊机作为动火点进行管理。

（13）使用气焊、气割动火作业时，乙炔瓶应直立放置，不应卧放使用；氧气瓶与乙炔瓶的间距不应小于 5 米，二者与动火点间距不应小于 10 米，并应采取防晒和防倾倒措施；乙炔瓶应安装防回火装置。

（14）作业完毕后应清理现场，确认无残留火种后方可离开。

（15）遇五级风以上（含五级风）天气，禁止露天动火作业；因生产确需动火，动火作业应升级管理。

涉及可燃性粉尘环境的动火作业应满足《粉尘防爆安全规程》（GB 15577–2018）要求。

155. 动火作业六大禁令

（1）动火证未经批准，禁止动火。

（2）不与生产系统可靠隔绝，禁止动火。

（3）不清洗，置换不合格，禁止动火。

（4）不消除周围易燃物，禁止动火。

（5）不按时动火分析，禁止动火。

（6）没有消防措施，无人监管，禁止动火。

156. 动火作业存在哪些主要风险

（1）焊渣飞溅，可能引燃周围易燃物，引发火灾爆炸。

（2）作业场所周围可能存在的易燃易爆气体遇火焰或高温引起燃烧

爆炸。

（3）在受限空间内动火作业时存在的风险。

（4）动火作业时系统未有效隔离，易燃可燃物料窜入系统后造成燃爆。

（5）作业人员技能低下、无证上岗带来的风险。

（6）气焊作业时，氧气瓶、乙炔瓶管理不善，可能带来火灾爆炸。

（7）使用电焊机作业可能造成人员触电及气体燃爆。

（8）作业场所周边环境给动火作业带来的风险。

（9）在禁火区内从事其他非明火作业造成的风险。

（10）设备外部动火，可能对设备内物料带来影响。

（11）动火作业现场附近其他作业给动火作业带来的风险。

（12）动火作业时，应急处置不当带来的风险。

157. 工业企业中常见的生产性火源有哪些

在工业企业中，常见的生产性火源包括加热炉火、反应热、电火花、维修用火、焊接用火、机械摩擦热、撞击火星等。

158. 如何对生产中的明火进行控制

（1）项目部各部门、分包、班组及个人，凡由于施工需要在现场动用明火时，必须事先向项目部提出申请，经消防部门批准，办理用火手续之后方可用火。

（2）对各种用火的要求如下。

①电焊。操作者必须持有效电焊操作证，在操作之前必须向消防部门提出申请，经批准并办理用火证后，方可按用火证批准栏内的规定进行操作。操作之前，操作者必须对现场及设备进行检查，严禁使用保险装置失灵、线路有缺陷及其他故障焊机。

②气焊（割）。操作者必须持有气焊操作证，在操作前首先向相关部门提出申请，通过批准并办理用火证后，方可按用火证批准栏内的规定进行操作。在操作现场，乙炔瓶、氧气瓶以及焊枪应呈三角形分开，乙炔瓶与氧气瓶之间距离不得小于5米，焊枪（着火点）同乙炔、氧气瓶之间的距离不得小于10米。禁止将乙炔瓶卧倒使用。

③因工作需要在现场安装开水器，必须经相关部门同意方可安装使用，用电地点禁止堆放易燃物。

④在使用喷灯、电炉和搭烘炉时，必须通过消防部门批准，办理用火证方可按用火证上的具体要求使用。

⑤冬季取暖安装设施时，必须经消防部门检查批准之后方可进行安装，在投入使用前须经消防部门检查合格后方可使用。

⑥施工现场内严禁吸烟，吸烟可到指定的吸烟室内，烟头必须放入指定水桶内，禁止随地抛扔。

⑦施工现场内需进行其他动火作业时，必须通过消防部门批准，在指定的时间、地点动火。

159. 动火许可证如何进行办理和使用

动火许可证的办理：动火证由动火所在单位项目负责人办理。其安全措施由动火所在单位提出，属施工方面的由施工单位负责落实，属生产方面的由生产单位给予安排。在公共场所、易燃易爆管架上动火，由施工单位负责人办理动火证，经所在区域生产单位审查安全措施，由动火所在单位的应急管理部门批准，动火分析由所在区域生产单位负责。审批人要加强调查研究，切实了解动火场所的周围环境并落实安全措施，严肃认真审批动火证，并视具体情况，确定动火有效时间。当动火情况变化时应停止动火，重新取样分析。

动火许可证的使用：焊割人员要随身携带动火证，一证不准多用和重复使用。动火人对安全措施不落实的项目应拒绝动火。如果作业中发现意外情况，应立即停止焊割动火，并重新落实安全措施。

160. 施工单位如何有效预防火灾事故

（1）建立健全消防安全管理制度并严格落实。施工单位应建立健全的消防安全管理制度，并严格落实执行，施工中使用易燃易爆化学危险品时，应当制定相应的防火安全预案。严格落实消防安全责任制，建立轮流值班制度，值班人员是当日消防安全的具体负责人，监督和督促施工班组做好班前消防安全教育，对现场违反消防安全的行为进行制止和纠正，并予以通报。

（2）安全规范用电，严禁私拉乱接电线。施工单位一定要严格执行安全用电的规章制度，严禁乱接乱拉电线和插座，严禁超负荷用电，加强电焊操作管理、进行电焊作业时，应首先清除现场的可燃物，安装电线路时要有专业电工负责安装，配电箱应选用一定厚度能防雨水的铁皮箱，电气开关、配线应选用质量合格的厂家产品。

（3）施工人员严禁无证操作。施工单位严禁违反安全操作规程、违章作业，电焊、气焊施工人员应持有职业资格证，严禁无证作业。

（4）施工现场严禁吸烟。施工现场严禁吸烟和乱扔烟头，防止遗留火种引发火灾。

（5）严格动火审批，加强火源管理。施工单位要制定火源管理制度，严格动火审批，对于必须使用明火作业的部位要逐级审批，明火操作要有专人监护，并配有灭火器及防火隔离措施。

（6）施工现场配置足够的消防器材，设置临时消防车道。施工单位必须配置足够的消防器材、标牌，设专人管理，并定期对消防器材设施进行维护保养，严禁任何人随意移动、故意损坏或挪作他用。施工现场设置临时消防车道，不堆放杂物，确保通道畅通。

（7）规范个人用火用电行为，严格遵守安全管理规定。施工现场个人应严格执行安全管理制度，严禁私自动用明火，个人用火应当符合防火规定，严禁随意设置厨房，对施工现场做饭等动用明火，要采取分隔措施，严格遵守用电安全规范，不私拉乱接电线，规范使用电器。

161. 施工现场消防管理的基本要求

（1）施工现场禁止吸烟，现场重点防火部位按规定合理配备消防设施和消防器材。

（2）施工现场不得随意动用明火，凡施工用火作业必须在使用之前报消防部门批准，办理动火证手续并有看火人监视。

（3）物资仓库、木工车间、木料及易燃品堆放处，油库处、机械修理处、油漆房、配料房等部位严禁烟火。

（4）职工宿舍、办公室、仓库、木工车间、机械车间、木工工具房不得违反下列规定：

①严禁使用电炉取暖、做饭、烧水，禁止使用碘钨灯照明，宿舍内严禁卧床吸烟；

②各类仓库、木工车间、油漆配料室冬季禁止使用火炉取暖；

③严禁乱拉电线，如需者必须由专职电工负责架设，除工具室、木工车间（棚）、机械修理车间、办公室、临时化验室使用照明灯泡不得

超过 150 瓦外，其他不得超过 60 瓦；

④施工现场禁止搭易燃临建和防晒棚，冬季禁止用易燃材料保温；

⑤不得阻塞消防道路，消火栓周围 3 米内不得堆放材料和其他物品，禁止动用各种消防器材，严禁损坏各种消防设施、标志牌等；

⑥现场消防竖管必须设专用高压泵、专用电源，室内消防竖管不得接生产、生活用水设施；

⑦施工现场易燃易爆材料，要分类堆放整齐，存放于安全可靠的地方，油棉纱与维修用油应妥善保管；

⑧施工和生活区冬季取暖设施的安装要求按有关冬施防火规定执行。

162. 进行焊接作业的基本要求

在焊割作业时，需要牢记"动火六大禁令"，并保证焊接人员必须是经过专门培训并取得合格证的职工；焊割地点距油罐区、气柜、货垛、易燃易爆车间等易燃易爆的危险场所，应保持规定的防火间距，动火场所周围要清除一切可燃物，如不便清除时可用石棉板或其他耐火材料遮盖和隔离；电焊的导线应绝缘良好，破损及时更换，接地线不能连在易燃设备上；所要焊接的金属管线的另一端不准堆放可燃物；并遵守"八不""四要""一清"的原则，严防动火引起的火灾，全面杜绝事故的发生。

* * * * * * * * * * * * * * * * * * * *

2022 年 11 月 21 日，某商贸有限公司发生特别重大火灾事故，造成 42 人死亡、2 人受伤，直接经济损失 12311 万元。经事故调查组调查认定，事故的直接原因是该公司负责人在一层仓库内违法违规电焊作业，高温焊渣引燃包装纸箱，纸箱内的瓶装聚氨酯泡沫填缝剂受热爆炸起火，进而使大量黄油、自喷漆、除锈剂、卡式炉用瓶装丁烷和手套、橡胶品等相继快速燃烧蔓延，并产生大量高温有毒浓烟。火灾发生时，该公司一层仓库的部分消防设施缺失、二层的被人为关停失效，公司负责人未及时有效组织员工疏散撤离。

163. 电焊气割"十不焊"是什么

（1）焊工必须持证上岗，无特种作业人员安全操作证的人员，不准进行焊割作业；

（2）凡属特级、一级、二级动火范围的焊割，未经办理动火审批手续，不准进行焊割；

（3）焊工不了解焊割现场周围情况，不得进行焊割；

（4）焊工不了解焊件内部是否安全时，不得进行焊割；

（5）各种装过可燃气体、易燃液体和有毒物质的容器，未经彻底清洗，排除危险性之前不准进行焊割；

（6）用可燃材料作保温层、冷却层、隔热设备的部位，或火星能飞溅的地方，在未采取切实可靠的安全措施之前，不准焊割；

（7）有压力或密闭的管道、容器，不准焊割；

（8）焊割部位附近有易燃易爆物品，在未做清理或未采取有效的安全措施之前，不准焊割；

（9）附近有与明火作业相抵触的工种作业时，不准焊割；

（10）与外单位相连的部位，在没有弄清有无险情，或明知存在危险而未采取有效的措施之前，不准焊割。

164. 为什么要对消防器材、设施进行定期检查

（1）安全保障。消防器材、设施包括消防水系统、灭火器、消防报警器等。定期测试可以确保这些设施处于正常工作状态以及能够在发生火灾等紧急情况时及时有效地发挥作用，提供必要的安全保障。

（2）预防火灾风险。通过定期测试，可以发现和解决消防器材、设施中的潜在问题和隐患，例如漏水、电源故障、部件老化等。及时维修和更换可能存在问题的设施，有助于预防火灾风险，减小事故发生的可能性。

（3）法律法规要求。根据相关的法律法规和标准，单位通常需要确保其建筑物内的消防器材、设施符合规定的要求，并进行定期检测和测试。这是履行法定义务和保障员工和公众安全的重要举措。

（4）保险要求。一些保险公司对单位的消防器材、设施进行测试和验证有一定的要求。定期测试可以帮助单位满足保险合同中的安全要求，以确保一旦发生火灾事故获得适当的保险赔付和保障。

165. 如何正确对消防设施进行保养与维护

（1）室外消火栓由于处在室外，经常受到自然和人为的损害，所以要经常维护。

（2）室内消火栓给水系统，至少每半年要进行一次全面的检查。

（3）自动喷水灭火系统，每两个月应对水流指示器进行一次功能试验，每个季度应对报警阀进行一次功能试验。

（4）消防水泵是水消防系统的心脏，因此要每月启动运转一次，检查水泵运行是否正常。

（5）低倍数泡沫灭火系统，每半年应检查泡沫液及其储存器、过滤器、产生泡沫的有关装置，对地下管道应至少5年检查一次。

（6）灭火系统，每年至少检修一次，自动检测，报警系统每年至少两次。

（7）火灾报警系统投入运行2年后，其中点型感温、感烟探测器应每隔3年由专门清洗单位全部清洗一遍，清洗后应作响应阈值及其他必要功能试验，不合格的严禁重新安装使用。

（8）灭火器应每半年检查一次，到期的应及时更换。

166. 储存物品的火灾危险性分类方法

生产和储存物品的火灾危险性有相同之处，也有不同之处。有些生产的原料、成品都不危险，但生产中的条件变了或经化学反应后产生了中间产物，增加了火灾危险性。例如，可燃粉尘生产时，粉尘悬浮在空气中与空气形成爆炸性混合物，遇火源则能爆炸起火，而储存这类物品就不存在这种情况。与此相反，桐油织物及其制品在储存中火灾危险性较大，因为这类物品堆放在通风不良地点，受到一定温度作用时，能缓慢氧化，积热不散便会导致自燃起火，而在生产过程中不存在此种情况。所以，要分别对生产物品和储存物品的火灾危险性进行分类。

储存物品的分类方法，主要是根据物品本身的火灾危险性，吸收仓库储存管理经验，并参考《危险货物道路运输规则》（JT/T 617–2018）相关内容而划分的。按《建筑设计防火规范》（GB 50016–2014，2018年版），储存物品的火灾危险性分为五类。

储存物品的火灾危险性类别	储存物品的火灾危险性特征
甲	1.闪点小于28摄氏度的液体； 2.爆炸下限小于10%的气体，以及受到水或空气中水蒸气的作用能产生爆炸下限小于10%气体的固体物质； 3.常温下能自行分解或在空气中氧化能导致迅速自燃或爆炸的物质； 4.常温下受到水或空气中水蒸气的作用，能产生可燃气体并引起燃烧或爆炸的物质； 5.遇酸、受热、撞击、摩擦以及遇有机物或硫黄等易燃的无机物，极易引起燃烧或爆炸的强氧化剂； 6.受撞击、摩擦或与氧化剂、有机物接触时能引起燃烧或爆炸的物质。
乙	1.闪点不小于28摄氏度，但小于60摄氏度的液体； 2.爆炸下限不小于10%的气体； 3.不属于甲类的氧化剂； 4.不属于甲类的化学易燃固体； 5.助燃气体； 6.常温下与空气接触能缓慢氧化，积热不散引起自燃的物品。
丙	1.闪点不小于60摄氏度的液体； 2.可燃固体。
丁	难燃烧物品。
戊	不燃烧物品。

同一座仓库或仓库的任一防火分区内储存不同火灾危险性物品时，仓库或防火分区的火灾危险性应按火灾危险性最大的物品确定。

丁、戊类储存物品仓库的火灾危险性，当可燃包装质量大于物品本身质量的 1/4 或可燃包装体积大于物品本身体积的 1/2 时，应按丙类确定。

167. 影响物料火灾危险性的主要因素

（1）物料本身的易燃性和氧化性

通常说某物料的火灾危险性大，那么该物料必须是易燃的或氧化性强的物品，一堆砂土是很难说它具有火灾危险性的，但一屋子的刨花火灾的危险性就大，因为刨花太易燃烧了。所以，物料本身所具有的可燃性和氧化性是确定其火灾危险性类别的基础。物料越易燃烧或氧化性越强，其火灾危险性就越大。如汽油比柴油易燃，那么汽油就比柴油的火灾危险性大；硝酸钾比硝酸的氧化性强，那么硝酸钾就比硝酸的火灾危险性大。物料的状态不同，其危险性也不相同，气态比固态的危险性更大。

（2）易燃性和氧化性之外所兼有的毒害性、放射性、腐蚀性等危险性

当一种物品在具有火灾危险性的同时，如若还具有毒害性、放射性或腐蚀性等危险性，那么其火灾危险性和危害性会更大。

（3）盛装条件

物料的盛装条件也是制约其火灾危险性的一个重要因素。因为同一种物料在不同的状态，不同的温度、压力、浓度下，其火灾危险性是不同的。如氧气在高压气瓶内充装要比在胶皮囊中盛装的火灾危险性大，氢气在高压气瓶中充装要比在气球中火灾危险性大。

此外，还与其包装是否可燃和可燃包装的多少有关。如精密仪器、家用电器等，其本身并不都是可燃物，但其包装大多是可燃物，且有的还比较易燃，一旦被火种引燃，不仅包装物会被烧毁，而且仪器也会因包装物的燃烧而被火烧坏或引起报废。

（4）与灭火剂的抵触程度和遇水生热能力有关

与灭火剂抵触，就是不太容易用灭火剂灭掉，那么其火灾危险性要比不抵触的物品大，因为扑灭的难度大。遇水生热不燃物品虽然本身不燃，但其遇水或受潮时能发生剧烈的化学反应，并释放出大量的热和（或）不燃气体，可使附近的可燃物着火，发生险情。

168. 什么是粉尘爆炸

粉尘爆炸，指粉尘在爆炸极限范围内，遇到热源（明火或温度），火焰瞬间传播于整个混合粉尘空间，化学反应速度极快，同时释放大量的热，形成很高的温度和很大的压力，系统的能量转化为机械能以及光和热的辐射，具有很强的破坏力。

2008 年 1 月 13 日凌晨，某国际化工股份有限公司硫酸厂在装卸硫黄过程中发生爆炸，造成 7 人死亡，33 人受伤。事故原因是硫黄装卸过程中产生的硫黄粉尘发生爆炸，并引起火灾。

2010 年 2 月 24 日，某淀粉股份有限公司淀粉 4 号车间发生爆炸事故，造成 19 人死亡、49 人受伤，事故原因是车间粉尘爆炸。

169. 粉尘爆炸的基本条件

（1）粉尘本身必须是可燃性的；

（2）粉尘必须具有相当大的比表面积（单位质量所具有的总面积）；

（3）粉尘必须在空气中悬浮，与空气或氧气混合达到爆炸极限；

（4）有足够的点火能量。

170. 如何控制粉尘爆炸

控制产生粉尘爆炸的主要技术措施是缩小粉尘扩散范围，消除粉尘，适当增湿，控制火源。对于产生可燃粉尘的生产装置，则可以进行惰化防护，即在生产装置中通入惰性气体，使实际氧含量比临界氧含量低 20%。在通入惰性气体时，必须注意把装置里的气体完全混合均匀。在生产过程中，要对惰性气体的压力、气流或对氧气浓度进行测试，应保证不超过临界氧含量，同时还可以采用抑爆装置等技术措施。

171. 如何防范车间内部发生火灾危险

（1）加强管理，严格执行安全规定。车间应建立完善的安全管理制度，要求员工按照制度执行工作。凡是与消防、安全有关的工作，都应进行培训，以提高全员应对火灾事故的能力。定期组织员工进行演习，提高员工的警惕性。

（2）安装消防设施。车间应配备必要的消防设施，如消防栓、消防灭火器等。在车间内对消防设施进行标注，让员工了解具体的设施位置，以便在发生火灾的时候能够迅速使用。要定期对消防设施进行检查和维护，保证其能够正常使用。

（3）加强电气安全。车间电气设备的安全工作十分重要，启用新设备前应进行测试，并由专业人员审核。进行巡检时，应仔细检查电缆线路是否受损等安全问题。同时，应加强对员工的电气安全教育培训，让其掌握正确的操作方法和电气危险的防范知识。对于电气设备的保护，应采用绝缘护套等预防措施。

（4）做好易燃物品的存储。车间内如果存放有易燃物品，一定要按照规定进行处理，并进行分类存放。尽可能将易燃物品贮存在能够防火的地方，或者选择具有良好防火性能的容器保存，以减少火灾事故的发生。另外，在操作易燃物品的时候，操作人员应该加强保护意识，提高安全意识，避免操作不当导致火灾事故。

第六章

加强源头治理，防范化解重大风险

172. 易燃易爆设备的分类

易燃易爆设备是指在正常操作或异常情况下，可能通过火花、热源、静电等因素产生爆炸、火灾等危险的设备，严重威胁生产设备和人员安全。可从以下四个方面对易燃易爆设备进行分类。

（1）按照易燃物质的性质分类

①液体易燃物设备。包括石油、煤油、汽油、润滑油、液化气等易燃液体的存贮、加注、输送等设备。

②气体易燃物设备。包括氢气、乙炔、甲烷、氯气、氧气、氮气等易燃气体的存贮、输送等设备。

③固体易燃物设备。包括木材、纸张、布料、棉花、糖类、草药等易燃的固体物质的存储、加工等设备。

（2）按照易燃物质的爆炸危险分类

①第一类易燃物设备。该物质具有极高的燃烧危险，只需要释放很少的能量就能产生爆炸，如氢气等。

②第二类易燃物设备。该物质燃烧性较高，但需要一定的能量才能产生爆炸，如乙炔等。

③第三类易燃物设备。该物质需要较高的温度和能量才能燃烧，如汽油、煤油等。

（3）按照易燃物质的点火源分类

①静电点火设备。指易燃物质在流动或摩擦时会产生静电，能够引起火花，从而导致爆炸。如静电堆积所引发的爆炸。

②机械点火设备。指通过机械力量产生的火花，如打出火花的手电筒。

③电气设备。指电气设备，如电动机、开关等在运行中会产生电弧

和电火花，引发火灾。

（4）按照功能分类

①易燃物存储设备。如石油、天然气、工业材料、化学品等存储设备。

②易燃物输送设备。如输油管道、天然气管道、化学品管道等输送设备。

③易燃物加工设备。如煤矿机械、油田设备、化工设备等加工设备。

❀❀❀❀❀❀❀❀❀❀❀❀❀❀❀❀

2017年12月9日，某生物科技有限公司车间二氯苯装置发生爆炸事故，造成10人死亡、1人轻伤，直接经济损失4875万元。

❀❀❀❀❀❀❀❀❀❀❀❀❀❀❀❀

173. 易燃易爆设备使用的消防安全要求有哪些

（1）设备周围的消防设施。易燃易爆设备周围必须有消防器材和设施，包括灭火器、消防栓、消防水箱等。同时，消防器材和设施应该定期检查、维护和更换，保证其正常可用。

（2）设备布局和通道。易燃易爆设备的布局应合理，不得阻塞消防通道，以确保消防人员能够迅速进入事故现场。设备周边的走廊和门窗应该满足消防通道的要求，能够在发生火灾时畅通无阻。

（3）防火隔离和防火墙。易燃易爆设备应与非易燃易爆物隔离，并建造防火墙。防火墙应具备足够的抗火能力，能够有效地阻隔火势的蔓延。

（4）电气设备的安全使用。易燃易爆设备周围的电气设备必须符合消防安全要求，电缆线槽应安全可靠地固定在设备的外侧墙上。电气设备的进线口和电路开关应设置在易燃易爆设备远离火源的位置，并设置在易燃易爆物不易触及的地方。

（5）易燃易爆物料储存要求。易燃易爆物料的储存场所应设在远离火源和其他可燃物的地方。储存场所应干燥通风，不得有明火和高温源。易燃易爆物料的储存容器应定期检查，如发现有破损或漏液现象，应及时更换或修复。

（6）易燃易爆设备的维修保养。易燃易爆设备的维修保养必须由专业人员进行，并且必须在设备停机状态下进行。维修期间必须采取相应的防火措施，如有效隔离和消除火源，以避免产生火灾风险。

（7）定期演练和培训。易燃易爆设备使用单位应定期组织消防演练和培训，提高员工的火灾应急处理能力。演练内容包括火灾报警、紧急疏散、消防器材使用等，以及相关的消防安全知识培训。

（8）火灾自动报警系统。易燃易爆设备使用单位应安装火灾自动报警系统，及时检测并报警火灾事故。火灾自动报警系统要保持正常运行，定期检测、运行测试和维护。

（9）定期检查和维护。易燃易爆设备使用单位应定期对设备进行消防检查和维护，包括检查电气线路、消防器材、疏散通道等。发现问题及时修复或更换，确保设备的安全可靠。

（10）管理和监督制度。易燃易爆设备使用单位应建立健全相关的消防管理和监督制度，并严格执行。制定消防安全操作规程，指导员工正确使用和维护易燃易爆设备，加强对员工的消防安全教育和培训。

174. 易燃易爆设备的安全检查有哪些内容

（1）确认设备的属性。设备属性包括设备的名称、编号、存放的位置、使用和储存的物质名称、分类容量和数量等信息。通过确认设备的属性和相关情况，可以为检查提供必要的信息。

（2）检查设备的技术资料。设备的技术资料包括技术文件、设备的使用说明书和维修手册等。检查这些技术资料可以帮助了解设备的结构、使用、维护保养、安全措施等方面的信息。

（3）观察设备的物理状况。包括设备的外观、机械构造、密封性、壁厚、渗漏、腐蚀变形等方面。通过观察设备的物理状况可以确定设备的运行状态及其安全性。

（4）测量设备的参数。测量设备的参数包括设备的压力、温度、流量、电压等参数。通过测量这些参数可以判断设备的运行状况是否达到正常值，是否存在异常情况和安全隐患。

（5）考核设备的应急处理能力。考核设备的应急处理能力包括设备的报警、隔离、停机、排放等应急响应能力。通过考核设备的应急处理能力可以评估设备在遇到意外事故时的应急处理能力。

175. 易燃易爆设备检修作业的注意事项

（1）严格遵守国家和地方相关法律法规，特别是《安全生产法》等有关安全生产的法律法规。

（2）检修作业人员必须熟悉易燃易爆场所的危险性和安全操作规程，具备相关的专业知识和技能。

（3）在进行检修作业前，必须进行充分的安全宣传和培训，确保每位检修人员都理解并严格遵守安全规程，办理"检修施工安全作业证""动火安全作业证"等。

（4）检修作业人员必须佩戴符合规定的个人防护装备，包括防静电服、防爆眼镜、防护手套等。

（5）检修作业前必须对设备进行全面检查，确保设备的安全可靠性。

（6）检修作业过程中，必须随时注意作业现场的环境变化，及时采取防范措施，确保作业安全。

（7）检修作业中禁止吸烟，禁止使用明火，严禁在易燃易爆场所进行焊接、切割等高温作业。

（8）检修作业中禁止携带易燃易爆物品，禁止使用带有火花的金属工具。

（9）检修作业后，必须及时清理作业现场，防止残留物导致火灾爆炸。

（10）对于消防设备和设施，必须进行定期检查和维护，确保其正常运行。

（11）在检修作业中，必须建立火灾报警、紧急疏散和救援等应急预案，确保发生事故时能够及时采取应对措施。

（12）检修作业人员必须积极参与安全生产培训和演练，提高自身安全意识和应急能力。

176. 爆炸危险场所如何设置电气设备（装置）

爆炸危险场所的电气设备（装置）按照下列基本要求设置。

（1）爆炸危险场所内的电气设备和线路必须符合周围环境内化学、机械、热、霉菌以及风沙等不同环境条件对电气设备的要求；防爆电气设备、电缆和导线必须选用符合现行国家标准并由国家认可的检验机构鉴定合格的产品。

（2）爆炸危险场所内的电力装置（设备）和线路，特别是正常运行时能产生火花的设备应当布置在非爆炸危险场所或者爆炸危险性较小的地方；生产时严禁工作人员进入的危险场所，其用电设备的控制按钮应当安装在危险场所外，并与分隔墙上的门联锁，门关闭后用电设备才能启动。

（3）油浸型设备应当在没有振动、不倾斜和固定的场所安装使用。爆炸物、可燃粉尘等爆炸危险场所内尽量不使用移动式、便携式电气设备，危险场所内不宜安装移动设备用的接插装置。确需设置的，要选择插座与插销带联锁保护装置的产品，满足断电后插销才能插入或者拔出的要求。

（4）尽量减少在爆炸性粉尘环境内的插座和局部照明灯具等的数量。确需使用的，插座宜布置在爆炸性粉尘不易积聚的地点，局部照明灯宜布置在事故时气流不易冲击的位置。粉尘环境中安装的插座开口一面朝下，且与垂直面的角度不得大于60°。

（5）可燃粉尘爆炸危险场所内的事故排风用电动机，要在便于操作的地方设置事故启动按钮等控制设备，以便发生事故时能够正常启动。

（6）除本质安全电路外，爆炸危险场所的电气线路和设备均需装设过载、短路和接地保护。

（7）配电线路接线盒、挠性管等管（配）件的选型与爆炸危险场所的电气设备防爆等级相同；爆炸性环境电缆和导线的选择、保护、安装应当符合现行国家标准的相关要求。

177. 什么是易燃易爆危险品

易燃易爆危险品是消防工作中，对以爆炸、燃烧、助燃为主要理化危险特性的化学品约定俗成的称谓。这些危险品受到摩擦、撞击、振动、高温以及其他外界火灾爆炸风险因素的激发，会成为引发燃烧、爆炸并造成严重人身伤亡、财产损失和环境破坏等危害后果的重大危险源。

178. 常见的易燃易爆危险品

按照《危险货物分类和品名编号》（GB6944-2012），将危险货物分为 9 类，其中，易燃易爆危险品是以燃烧、爆炸为主要危险特性的爆炸品、气体、易燃液体、易燃固体、易于自燃的物质、遇水放出易燃气体的物质、氧化性物质、有机过氧化物以及毒性物质和腐蚀性物质中的部分易燃易爆化学品等。根据《易燃易爆危险品火灾危险性分级及试验方法 第 1 部分：火灾危险性分级》（XF/T536.1-2013）和《危险货物品名表》（GB12268-2012），列出几类典型易燃易爆危险品。

（1）爆炸品。常见的包括火药、炸药、烟花爆竹、爆药、爆破雷管、导弹等。

（2）易燃气体。指在 20 摄氏度和标准大气压 101.3 千帕下，爆炸下限小于或等于 13% 的气体，或爆炸极限（燃烧范围）大于或等于 12% 的气体。如氢气、乙炔、一氧化碳、甲烷、天然气、液化石油气等。

（3）易燃液体。指易燃的液体或液体混合物，或是在溶液或悬浮液中有固体的液体，其闭杯试验闪点不高于 60 摄氏度，或开杯试验闪点不高于 65.6 摄氏度。常见的有汽油、石油醚、石油原油、石脑油、苯、粗苯、甲醇、乙醇、煤油、樟脑油、乳香油、松节油、松香水、癣药水、制动液、影印油墨、照相用清除液、涂底液、医用碘酒等。

（4）易燃固体。通常指容易燃烧，通过摩擦引燃或助燃的固体，这种固体一般是与点火源短暂接触能容易点燃且火焰迅速蔓延的粉状、颗粒状或糊状、块状物质。常见的包括氢化钛、铁铈合金、熔融硫黄、硝基萘、樟脑（合成的）、硝酸纤维素塑料板等。

（5）易于自燃的物质。指自燃点低，在空气中易发生氧化反应，放出热量而自行燃烧的物品，包括发火物质（自燃物质）和自热物质两类。常见的包括白磷、发火钡合金、油纸、潮湿的棉花、成堆放置的潮湿木屑等。

（6）遇水放出易燃气体的物质。遇水放出易燃气体的物质是指通过与水作用，容易具有自燃性或放出危险数量的易燃气体的固态、液态物质及其混合物。主要包括金属钠、碳化钙、氢化钙、连二亚硫酸钠（保险粉）等。

（7）氧化性物质。氧化性物质指本身未必可燃，但通常因放出氧可能引起或促使其他物质燃烧的物质，具有强烈的氧化性、易燃甚至爆炸的危险性。主要包括碱金属或碱土金属的过氧化物和盐类，如过氧化钠、高氯酸钠、硝酸钾、高锰酸钾等，以及亚硝酸钠、亚氯酸钠、连二硫酸钠、重铬酸钠、氧化银等。

（8）有机过氧化物。有机过氧化物与氧化性物质都具有很强的氧化性，但有机过氧化物的爆炸危险性较氧化性物质有所差别，且其危险性更高。常见的包括过氧化二乙酰纯品、含水在 1% 以下的过氧化二苯甲酰等。

179. 易燃易爆危险品火灾防控基本措施

为了有效预防易燃易爆危险品火灾，降低火灾危害，应根据对易燃易爆危险品燃烧特性及其火灾危害特点分析，按照以下原则采取火灾防控措施。

（1）控制、降低火灾荷载（易燃易爆危险品数量），限制火灾燃烧的基础条件。

（2）控制、限制可燃物与助燃物混合、混触（禁止不同性质、可能产生化学反应或加剧反应的易燃易爆危险品混存、混触），破坏引发火灾的物质条件。

（3）控制引火源（热源、电火源、光火源、机械引火源等），限制外界激发能量释放。

（4）可燃物、助燃物、引火源并存的建筑及工艺装置，控制燃烧的充分必要条件形成或者受限燃烧反应能量意外释放。

（5）切断、隔离火灾蔓延途径，将火灾控制在有限空间。

（6）合理规划布局易燃易爆危险品生产、储存、经营场所，控制、限制火灾失控后的可能发展规模。

（7）采取主动防控措施，防止和减少高温、烟气对人员、建筑、工艺装置等的危害。

（8）配备消防器材，组织训练消防力量，有效处置初期火灾。

180. 易燃易爆危险品爆炸防控基本措施

爆炸与火灾通常是相伴相生的，火灾控制、处置不当即会升级为爆炸，爆炸发生后会出现长时间猛烈燃烧。爆炸防控除按照下列原则采取措施，尚需采取前条所述的火灾防控措施。

（1）防止、限制易燃气体爆炸性混合物产生，防止或者限制爆炸物的爆炸条件、易燃气体分解爆炸条件形成。

（2）控制引火源（热源、电火源、机械引火源、光火源等），限制外界激发能量释放。

（3）检测、监控爆炸相关参数指标，准确预警报警、联动控制，降低爆炸风险。

（4）爆炸预警、报警后，及时泄放压力。

（5）火灾发生后，防止、控制燃烧条件转化形成爆炸条件。

（6）切断爆炸传播路径，防止殉爆、二次爆炸及其他次生灾害的发生。

（7）防范、减弱爆炸产生的高温、有毒气体、高压、冲击波等对人员、设备（装置）和建筑的伤害、损坏。

181. 易燃易爆危险品储存的防火防爆措施

易燃易爆危险品的库房耐火等级、储罐设置符合《建筑设计防火规范》（GB 50016–2014,2018 年版）等相关要求，其库房耐火等级一般不低于二级。

库房内干燥、易于通风、密闭和避光，并安装避雷装置；库房内可能散发（或者泄漏）可燃气体、可燃蒸气的场所安装可燃气体检测报警装置。储存物品避免阳光直射，远离火源、热源、电源及产生火花的环境。库房周围无杂草和易燃物，库房内地面无漏洒商品，保持地面与货垛清洁卫生，温湿度符合要求。

各类商品依据性质和灭火方法的不同，严格分区、分类和分库存放。易爆性物质储存于一级耐火等级轻质屋顶的库房内；低、中闪点液体，Ⅰ级易燃固体，易于自燃的物质，易燃压缩气体和液化气体等储存于一级耐火等级建筑的库房中或者符合规范要求的储罐内；遇水放出易燃气体的物质、氧化性物质和有机过氧化物储存于一、二级耐火建筑的库房；Ⅱ级易燃固体、高闪点易燃液体储存于耐火等级不低于二级的库房；易燃气体不得与助燃气体同库储存。

182. 易燃易爆危险品火灾的灭火剂选择

易燃易爆危险品火灾因其危险品种类不同、化学性质不同、燃烧特点不同，需要根据危险品的性质、数量、燃烧特点及其火场的环境条件等，选择合适的灭火剂，采用一种或者几种灭火方法组合实施灭火。

（1）爆炸物火灾。爆炸物火灾或者爆炸后发生火灾，可以采用大量的水进行灭火，撞击、摩擦敏感度较高的爆炸性物质采用雾化水灭火，一些爆炸性物质可采用泡沫灭火剂灭火。

（2）易燃气体及易燃气雾剂火灾。易燃气体及易燃气雾剂火灾可选用雾化水、气体灭火剂、干粉灭火剂等灭火，易燃气体储罐可采用大量的水冷却控火，有的易燃气体（如乙胺、二甲醚、乙烯基氯、二甲胺等）可采用泡沫灭火剂灭火。

一些易燃气体（如乙硼烷、甲硫醇等）切忌使用水系、泡沫灭火剂灭火。

（3）易燃液体火灾。易燃液体火灾主要选用泡沫灭火剂、干粉灭火剂灭火，二者联用灭火效果更好，也可选用气体灭火剂灭火；溶于水的易燃液体选用抗溶性泡沫灭火；乙醛、二乙胺、二硫化碳等也可采用雾化水、水进行灭火，油罐火灾可使用直流水、雾化水降温控火。

蛋白泡沫灭火剂、氟蛋白泡沫灭火剂、水成膜泡沫灭火剂不能用于扑救水溶性易燃液体火灾；高倍数泡沫灭火剂不能用于扑救油罐火灾、水溶性易燃液体火灾。

（4）易燃固体火灾。易燃固体火灾主要采用水、A类泡沫灭火剂、干粉灭火剂、气体灭火剂灭火。

易燃固体中的遇湿、与水反应物质火灾（如七硫化四磷、三硫化二磷、三硫化四磷、氢化钛、氢化锆等）禁止使用水和泡沫灭火。

（5）易于自燃的物质火灾。易于自燃液体火灾主要采用干粉灭火剂扑救，燃烧面积较大时采用干砂等覆盖灭火；禁止采用水、泡沫、卤代烷气体等灭火剂。易于自燃固体火灾根据其性质可以采用雾状水、泡沫（遇水反应物质除外）、砂土实施灭火，有的还可以选用二氧化碳、惰性气体灭火。

（6）遇水放出易燃气体的物质火灾。遇水放出易燃气体的液体火灾可根据物质化学性质选用二氧化碳、惰性气体、干粉、砂土等灭火；固体物质火灾可根据物质化学性质选用干粉、砂土，有的还可以使用二氧化碳、惰性气体等灭火；轻金属、碱金属及其合金选用金属干粉灭火剂、砂土覆盖灭火。

遇水放出易燃气体的物质火灾禁止使用水和泡沫灭火，轻金属、碱金属及其合金禁止使用二氧化碳等气体灭火剂灭火。

（7）氧化性物质火灾。金属过氧化物、卤素氟化物等氧化性物质可采用干粉灭火剂、干砂覆盖灭火，禁止使用水和泡沫灭火；其他氧化性物质可选用雾化水、水、砂土覆盖灭火，四硝基甲烷等少数物质禁止使用砂土覆盖。

（8）有机过氧化物火灾。有机过氧化物火灾根据物质化学性质，主要选择泡沫灭火剂、二氧化碳、惰性气体、雾化水、砂土覆盖等灭火。

183. 危险化学品事故的特点

危险化学品事故简称危化品事故，是指因危险化学品，如苯、液化气、汽油、甲醛、氨水、二氧化硫、硫化氢、农药、液氯等造成伤害的事故。毫无疑问，这些危险化学物品一旦发生燃烧或是爆炸事故，其危害远远高于一般性物品事故。危险化学品事故有以下特点。

（1）突发性强，不易控制。突发危险化学品灾害事故的发生原因多且复杂，如操作不当、设备故障、车祸等。事先没有明显预兆，往往使人猝不及防，极易酿成灾祸。

（2）污染环境，破坏严重。危险化学品不仅可对现场人员造成灼伤感染、中毒等伤害，而且还会污染大气、土壤、水体、建筑物、设备，很多事故发生后，对现场的彻底洗消困难，导致残留物在较长时间内危害污染区生态环境。

（3）救援难度大，专业性强。由于救援现场情况复杂，存在高温、剧毒等危险，同时受到风向、能见度、空间狭窄等不利因素影响，使得侦察救人、灭火、堵漏、洗消等难度加大，风险增加。正因为这些特点，造成的后果也更加严重。

2018 年 11 月 28 日，某公司氯乙烯气柜发生泄漏，泄漏的氯乙烯扩散到厂区外公路上，遇明火发生爆炸，导致公路两侧等候卸货车辆的司机及行人共 24 人死亡（其中 1 人后期医治无效死亡）、22 人受伤。

184. 危险化学品着火时应当如何进行紧急处理

（1）灭火措施。灭火人员不应单独灭火；出口应始终保持清洁和畅通；要选择正确的灭火剂；灭火时还应考虑人员的安全；迅速关闭火灾部位的上下游阀门切断进入火灾事故地点的一切物料；在火灾尚未扩大到不可控制之前，应使用移动式灭火器或现场其他消防设备、器材灭火。

（2）相邻设施保护措施。对周围设施及时采取冷却保护措施；迅速疏散受火势威胁的物资；有的火灾可能会造成易燃液体外流，这时可用沙袋或其他材料筑堤拦截流淌的液体或挖沟将物料导向安全地点；用毛毡、海草帘堵住井口等处防止火焰蔓延。

（3）逃生自救措施。一是呼吸防护。确认发生毒气泄漏或危化品事故后，立即用湿手帕、毛巾等捂住口鼻，最好能及时戴上防毒面罩。二是迅速逃离。沿上风方向迅速逃离火灾现场，以免受到有毒气体伤害。三是发现有人中毒，要将其转移到空气新鲜的地方，脱去被污染衣服，迅速用大量清水和肥皂水清洗被污染的皮肤。四是发现被遗弃的化学品，一定不要捡拾，应立即拨打报警电话，说明具体位置、包装标志、大致数量以及气味等情况。

185. 爆炸品着火时应当采取哪些应急措施

（1）迅速逃离现场。危化品爆炸所引起的大火，不能用水浇灭，而且由大火引起的爆炸，通常不会一下就结束，建议没有危化品常识的群众，遇到类似情况，自保为上，立即离开现场；如果是在室内，火焰和有毒气体均往上走，跑的时候尽量伏低身子，努力靠近空气流通的门窗处，以半蹲姿势或者爬行离开现场。

（2）逃生时，正确方向应该为危化品爆炸的上风向。逃离过程中，要保护呼吸道，减少爆炸或燃烧的烟雾、气体的吸入。不要大喊大叫，以免吸入更多热空气灼伤气管。可以找条毛巾或衣布，浸湿后捂在嘴、鼻上。

（3）危化品爆炸中，看到亮光一闪，在爆炸的冲击波到达之前，应立即屏住呼吸，免得将高温气体和有害气体吸入体内。

（4）如果距离爆炸地点很近，建议选择坚固的掩体进行躲避，应尽量远离玻璃、门窗。

（5）遇到类似爆炸，如果条件允许，尽量把自己全身打湿，如果条件有限，也要尽量把头发打湿，以免冲击波到达时，全身烧伤或者头发起火。逃生时，尽量用湿毛巾捂住口鼻。

（6）逃到安全环境后，身上着火的话，用就地打滚的方式灭火，不要用手拍打。

（7）无论是酸、碱还是其他化学物烧伤，要立即用大量流动自来水或清水冲创面。冲洗时间 30 分钟，这是急救效果最佳的冲洗时间。也要迅速用清水冲洗眼睛，冲洗时眼皮一定要掰开。如果没有冲洗设备，可把头部埋入清洁盆水中，把眼皮掰开，眼球来回转动洗涤。

（8）冲洗后，用干净、干燥的毛巾或布单，轻轻包裹伤口。尽快到具有救治烧伤经验的医院治疗。注意，烧伤急救时，千万不能用酱油、牙膏、红汞、紫药水等作为止血或者疗伤"药物"。用大量的清水冲洗，才是最关键的。

186. 易燃气体着火时应当如何进行紧急处理

易燃气体着火，如煤气、天然气、甲烷、丙烷、乙炔、氢气等发生火灾，应选用干粉、卤代烷、二氧化碳灭火器。同时，要喷水冷却各种罐体，尽快关闭阀门，阻断可燃气源。具体扑救方法如下。

（1）发现气体钢瓶漏气时，首先应了解所漏出的是什么气体，并根据气体性质做好相应的人身防护，设法及时拧紧气嘴，操作人员应佩戴防毒面具；如果钢瓶受热，应站在上风头向气瓶泼冷水，使之降低温度，然后将阀门旋紧；如果气瓶阀门失控，对于氰化氢、氟化氢、二氧化硫、氯气等酸性气体，最好浸入石灰水中。因为石灰水不仅可以冷却降温、降压，还可以溶解大量有毒气体，并能与碱性的石灰水起中和作用。如果现场没有石灰水，也可将气瓶浸入清水中，使之与水吸收，以避免作业环境受到污染。氨气瓶漏气时，不可浸入石灰水中。因为熟石灰水是碱性物质，氨亦属碱性，熟石灰水虽也有冷却作用，但不能充分溶解氨气。故最好的方法就是将氨气瓶浸入清水中。

（2）当漏出的气体着火时，如有可能，应将毗邻的气瓶移至安全距离以外，并设法阻止逸漏。若逸漏着火的气瓶是在地面上，而又有利于气体的安全消散时，可用正常的方法将火扑灭，否则，应向气瓶喷大量水冷却，防止瓶内压力升高导致爆裂的发生。必须注意的是，若漏出的气体已着火，不得在能够有效停止气体逸漏之前将火扑灭，否则泄漏出的可燃气体就会聚集，与空气形成爆炸性或毒性和窒息性混合气体，此时遇火源会导致爆炸，从而带来更大的灾害。因此，在停止逸漏之前，应首先对容器进行有效的冷却，在条件成熟，能够设法有效停止逸漏时将火扑灭。

（3）当其他物质着火威胁气瓶的安全时，应用大量水喷洒气瓶，使其保持冷却，如有可能，应将气瓶从火场或危险区移走。

（4）当火灾一时难以扑灭，大量气体仍源源不断向外泄漏燃烧时，现场指挥员应迅速组织多支精干小分队，深入现场，其任务主要是消灭着火区域的物料燃烧源及其周围的燃烧物质，疏散周围的危险物质或其他可燃物，并就近架设喷雾水枪（炮）冷却与燃烧源相连（通）的管线或罐体。在进攻人员的配合上，一般分为第一线组和第二线组，每组相距 20 米左右，通过泄漏通信救生安全绳保持通信联络畅通，第二组用开花或喷雾水枪冷却掩护一组队员，一组队员用冷却水枪给二组队员形成保护水幕，两队之间形成梯次进攻状，实施纵向掩护进攻。

（5）当燃烧的火焰由红变白，发出耀眼光芒，从燃烧部位发出刺耳的哨子式尖叫声，伴随有微微抖动现象时，全体内攻人员必须按统一撤退信号迅速撤至安全区域。水枪手在选择和部署水枪阵地时要善于选择有利地形，有效利用地形地物掩护自己，并及时组织预备人员替换，避免疲劳作战。

（6）如果泄漏罐的大火因泄漏物料难以切断而确实无法扑灭时，应当划出安全范围，任由泄漏罐内气体烧尽，千万不可以将火全部扑灭，以防大量液化气泄漏后造成威力巨大的化学性爆炸和连锁爆炸。在加大对着火罐和受热罐的冷却力度的同时，尽力消灭外围火势，确保外围安全，让着火罐内的剩余液化气在控制中稳定燃烧直至自行熄灭。

187. 易燃固体物料着火紧急处置方法

易燃固体物料是指燃点低，对热、撞击、摩擦敏感，易被外部火源点燃，燃烧迅速并可能散发出有毒烟雾或有毒气体的固体。如红磷、硫磷化合物（三硫化二磷），含水 >15% 的二硝基苯酚等充分含水的炸药，任何地方都可以擦燃的火柴，硫黄、镁片、铁、锰等金属元素的粒、粉或片，硝化纤维的漆纸、漆片、漆布，生松香，安全火柴，棉花，亚麻，黄麻，大棉等均属易燃固体物料。

（1）易燃固体着火，绝大多数可以用水扑救，尤其是湿的爆炸品和通过摩擦可能起火或促成起火的固体以及丙类易燃固体等均可用水扑救，对就近可取的泡沫灭火器、二氧化碳灭火器、干粉灭火器等也可用来应急。

（2）对脂肪族偶氮化合物、芳香族硫代酰肼化合物、亚硝基类化合物和重氮盐类化合物等自反应物质（如偶氮二异丁腈、苯磺酰肼等）着火时不可用窒息法灭火，最好用大量的水冷却灭火，因为此类物质燃烧时，不需要外部空气中氧的参与。

（3）镁粉、铝粉、铁粉、锆粉等金属元素的粉末类火灾，不可用水施救，也不可用二氧化碳等施救。因为这类物质着火时，可产生相当高的温度，高温可使水分子或二氧化碳分子分解出氢气、氧气和碳，而氢气、氧气和碳又极易引起爆炸或使燃烧更加猛烈。如金属镁燃烧时可产生 2500 摄氏度的高温，将燃烧着的镁条放在二氧化碳气体中时，燃烧的高温就会把二氧化碳分解成氧气和碳，镁便和二氧化碳中的氧生成氧化镁和无定形的碳，所以金属类物质着火不可用水和二氧化碳扑救。

（4）由于三硫化四磷、五硫化二磷等硫的磷化物遇水或潮湿空气，可分解产生易燃有毒的硫化氢气体，所以也不可用水施救；还由于赤磷、黄磷、磷化钙等金属的磷化物，本身毒性很强，其燃烧产物五氧化二磷等都具有一定的毒害性，所以应特别注意防毒。

188. 易燃液体物料着火紧急处置方法

易燃液体是指闭杯试验温度（闪点）不大于 60 摄氏度时能够放出易燃蒸汽的液体、液体混合物或含有处于悬浮状态的固体混合物的液体；或液体的闪点大于 60 摄氏度，但生产、储存、运输的温度大于等于液体闪点的液体；退敏爆炸品液体（退敏爆炸品液体，是指溶于或悬浮于水或其他液体中，且形成均一的液体混合物，并被抑制了爆炸性的液态物质）等。但不包括由于存在其他危险性已列入其他类项管理的液体。

（1）易燃液体一旦着火，发展迅速而猛烈，有时甚至发生爆炸且不易扑救，所以平时要做好充分的灭火准备，根据不同液体的特性、易燃程度和灭火方法，配备足够、相应的消防器材，并加强对职工的消防知识教育。

（2）灭火方法主要根据易燃液体密度的大小、能否溶于水和灭火剂来确定。一般来说，对于原油、汽油、煤油、柴油、苯、乙醚、石油醚等比水轻且又不溶于水或微溶于水的烃基化合物的液体、液体混合物火灾，可用泡沫、干粉和卤代烷等灭火剂扑救；当火势初燃、面积不大或可燃物又不多时，也可用二氧化碳扑救。对重质油品，有蒸汽源的还可选择蒸汽扑救。对于能溶于水或部分溶于水的甲醇、乙醇等醇类，乙酸乙酯、乙酸戊酯等酯类，丙酮、丁酮等酮类的易燃液体着火时，可用雾状水或抗溶性泡沫、干粉等灭火剂进行施救。对于二硫化碳等不溶于水且密度大于水的易燃液体着火时可用水扑救，因为水能覆盖在这些易燃液体的表面上使之与空气隔绝，但水层必须有一定的厚度。

（3）易燃液体大多具有麻醉性和毒害性，灭火时应站在上风头和利用现场的掩体，穿戴必要的防护用具，采用正确的灭火方法和战术。扑火中如有头晕、恶心、发冷等症状，应立即离开现场，安静休息，严重者速送往医院诊治。

189. 遇湿易燃物品着火紧急处置方法

遇湿易燃物品是指遇水或受潮时会发生剧烈的化学反应，并放出大量的易燃气体和热量的物品。具体讲，是指在大气温度下能与水反应，并以每小时 ≥ 1 升/千克的速度释放易燃气体的物料。常见的主要有：钠、钾、钙、铷、铯、钡等碱金属，碱土金属，钠汞齐、钾汞齐，锂、钠、钾、镁、钙、铝等金属的氢化物（如氢化钙）、碳化物（电石）、硅化物（硅化钠）、磷化物（如磷化钙、磷化锌），以及钠、钾等金属的硼氢化物（如硼氢化钠）和镁粉、锌粉、保险粉等轻金属粉末。

（1）遇湿易燃物品的通性是遇水易燃易爆。它们遇水后发生剧烈的化学反应使水分解，夺取水中的氧与之化合，放出可燃气体和热量。当可燃气体在空气中达到燃烧范围，或接触明火时，或由于反应放出的热量达到引燃温度时就会发生着火或爆炸。如金属钠、氢化钠、二硼氢等遇水反应剧烈，放出氢气多，产生热量大，能直接使氢气燃爆。因此，遇湿易燃物品着火必须采取特殊的应急措施和正确的方法才能奏效。

（2）不可使用的灭火剂有水和含水的灭火剂（如各种泡沫灭火剂）、二氧化碳、卤代烷、四氯化碳和氮气。这些灭火剂都会和遇湿易燃物发生反应，不利于扑灭。可使用 7150 灭火剂（主要成分为硼酸三甲酯）、盐、碱面、石墨、铁粉干砂、黄土、干石粉等。这些可以隔绝空气，使其熄灭，且价格低廉效果也好，所以现场可以多准备一些。

（3）遇湿易燃物品本身或燃烧产物大多数是有毒害性和腐蚀性的。如金属的磷化物类，遇湿产生的易燃气体磷化氢有似大蒜的气味，是剧毒气体，当空气中含有 0.01 毫克/升时，吸入即中毒；金属钠与水反应除放出氢气外，还生成腐蚀性很强的氢氧化钠。所以，在扑救遇湿易燃物品火灾时应特别注意防毒、防腐蚀，必要时应佩戴一定的防护用品，确保人身安全。

190. 自燃物品着火紧急处置方法

自燃物品是指在空气中易于发生氧化反应，放出热量而自行燃烧的物品。具体讲是指接触空气后能在 5 分钟的时间内自燃，或在蓄热状态时能自热升温达到 200 摄氏度的物料。主要包括与空气接触 5 分钟之内即可自行燃烧的液体、固体或固体和液体的混合物、如黄磷、三氯化氢、钙粉、烷基铝、烷基铝氢化物、烷基铝卤化物等；与空气接触不需要外部热能源作用即可自行发热而燃烧的物质，如油纸、油布、油绸及其制品，动植物油和植物纤维及其制品，硝酸纤维素塑料碎屑，拷纱、潮湿的棉花等。

（1）对于烷基镁、烷基铝、烷基铝氨化物、烷基铝卤化物以及硼、锌、锑、锂的烷基化物和铝导线焊接药包等有遇湿易燃危险的自燃物品，不可用二氧化碳、水或含水的任何物质施救（如化学泡沫、空气泡沫、氟蛋白泡沫等）。

（2）黄磷、651 除氧催化剂等可用水施救，且最好浸于水中；潮湿的棉花、油纸、油绸、油布、硝酸纤维素塑料碎屑等有积热自燃危险的物品着火时一般都可以用水扑救。

（3）对于本身或燃烧产物有毒的自燃物品，扑火时一定要注意防毒。

191. 氧化剂溢漏、着火紧急处置方法

　　氧化剂是指处于高氧化态，具有强氧化性，易于分解并放出氧和热量的物质。其特点是本身不一定可燃，但能导致可燃物的燃烧，与松软的粉末状可燃物能形成爆炸性混合物，对热、震动或摩擦较为敏感。氧化剂多为碱金属、碱土金属的盐或过氧基所组成的化合物。其特点是氧化价态高，金属活泼性强，易分解，有极强的氧化性；本身不燃烧，但与可燃物作用能发生着火或爆炸。氧化剂溢漏、着火紧急处置方法如下。

　　（1）溢漏处理。氧化剂在运输过程中，如有溢漏，应小心地收集起来，或使用惰性材料作为吸收剂将其吸收起来，然后扔到尽可能远离人群的地方用大量的水冲洗残留物。严禁使用锯末、废棉纱等可燃材料作为吸收材料，以免发生氧化反应而着火。对收集起来的溢漏物，切不可重新装入原包装或装入完好的包件内以免杂质混入而引起危险。应针对其特性用安全可行的办法处理或考虑埋入地下。

　　（2）着火处理。氧化剂着火或被卷入火中时，会因受热放出氧而加剧火势，即使在惰性气体中，火也仍然会自行燃烧；无论将货舱、容器、仓房封死，或者用蒸汽、二氧化碳及其他惰性气体灭火都是无效的；如果用少量的水灭火，还会引起物品中过氧化物的剧烈反应。因此，应使用大量的水或用水淹浸的方法灭火，这是控制氧化剂火灾的最为有效的方法。

192. 有机过氧化物着火紧急处置方法

有机过氧化物是指分子组成中含有过氧基的有机物。

（1）有机过氧化物要根据它们的危险特性，采取正确的灭火方法。当有机过氧化物着火或被卷入火中时，可能会导致爆炸。所以，应迅速将这些包件从火场移开。任何曾卷入火中或暴露于高温下的有机过氧化物包件，会随时发生剧烈分解；即使火已扑灭，在包件尚未完全冷却之前，也不能接近这些包件，应用大量水冷却；如有可能，应在专业人员的技术指导下，对这些包件进行处理；如果没有这种可能，在水上运输时，若情况紧急应考虑将其投弃水中。

（2）由于有机过氧化物的人身伤害性主要表现为容易伤害眼睛，如过氧化环己酮、叔丁基过氧化氢、过氧化二乙酰等，都对眼睛有伤害作用，其中有些即使与眼睛有短暂的接触，也会对角膜造成严重的伤害。因此，应避免眼睛接触有机过氧化物，人员应尽可能远离火场，并在有防护的位置用大量的水来灭火。

193. 毒害品着火紧急处置方法

毒害品是指进入人体后累积达到一定的量，能发生生物化学作用或生物物理学变化，扰乱或破坏肌体的正常生理功能，引起暂时性或持久性的病理状态，甚至危及生命安全的物料。因为绝大部分有机毒害品物料都是可燃物，且燃烧时能产生大量的有毒或极毒的气体，所以，做好毒害品着火时的应急灭火措施是十分重要的。

（1）在一般情况下，如是液体毒害品物料着火，可根据液体的性质（有无水溶性和相对密度的大小）选用抗溶性泡沫或机械泡沫及化学泡沫灭火；如是固体毒害品物料着火，可用水或雾状水扑救，或用砂土、干粉、石粉等施救。

（2）无机毒害品物料中的氰、磷、砷或硒的化合物遇酸或水后能产生极毒的易燃气体氰化氢、磷化氢、砷化氢、硒化氢等，因此着火时，不可使用酸、碱灭火剂和二氧化碳灭火剂，也不宜用水施救，可用干粉、石粉、砂土等施救。

（3）如果氰化物用大量水灭火时，要有防止灭火人员接触含有氰化物水的措施。特别是皮肤的破伤处不得接触，并要防止有毒的水流入河道污染环境；灭火时一定要戴好各种防毒、防护用具。现在有很好的专业防化服，防辐射、防污染、防高温，可以穿上。

194. 放射性物品着火紧急处置方法

放射性物品是指含有放射性核素，并且其活度和比活度均高于国家规定的豁免值的物品。

（1）在运输、储存、生产或销售过程中，当发生着火、爆炸或其他事故可能危及仓库、车间以及销售地点放射性物品的安全时，应迅速将放射性物品转移到远离危险源和人员的安全地点存放，并适当划出安全区迅速将火扑灭；当放射性物品的内容器受到破坏，使放射性物质可能扩散到外面或剂量率较大的放射性物品的外容器受到严重破坏时，必须立即通知当地应急管理部门和卫生、科学技术管理部门协助处理，并应在事故地点划分适当的安全区，悬挂警告牌，设置警戒线等。

（2）在划定安全区的同时，对放射性物品应用适当的材料进行屏蔽；对粉末状物品，应迅速将其盖好，防止影响范围再扩大。

（3）当放射性物品着火时，可用雾状水扑救；灭火人员应穿戴防护服（可防辐射的手套、靴子、连体工作服、安全帽）、自给式呼吸器。对于小火可使用硅藻土等惰性材料吸收；对于大火，应当在尽可能远的地方用尽可能多的水带，并站在上风头向包件喷射雾状水。邻近的容器要保持冷却到火灾扑灭之后。这样有助于防止辐射和屏蔽材料（如铅）的熔化，但应注意不使消防用水流失过大，以免造成大面积污染。如有可能，应及时转移可能涉入火中的容器，以防止受到威胁。为防止火灾扑灭后物质可能再着火，应以安全的方式将残余物清除。放射性物品沾染人体时，应迅速用肥皂水洗刷至少 3 次；灭火结束时要很好地淋浴冲洗，使用过的防护用品要在防疫部门的监督下进行清洗。

195. 腐蚀品着火紧急处置方法

腐蚀品是指能灼伤人体组织，与皮肤接触在 60 分钟以上 4 小时以内的暴露期后，在 14 天的观察期内能使完好的皮肤组织出现可见坏死现象；或温度在 55 摄氏度时，对 20 号钢等金属物品表面造成均年腐蚀率超过 6.25 毫米 / 年损坏的固体或液体。

（1）腐蚀品物料着火，一般可用雾状水或干砂、泡沫、干粉等扑救，不宜用高压水，以防酸液四溅，伤害扑救人员。

（2）硫酸、卤化物、强碱等，遇水发热、分解或遇水产生酸性烟雾的腐蚀，不能用水施救，可用干砂、泡沫、干粉扑救。灭火人员要注意防腐蚀防毒气，戴防毒口罩、防护眼镜或隔绝式防护面具，穿橡胶雨衣和长筒胶，戴防腐手套等。灭火时人员应站在上风头，发现中毒者，应立即送往医院抢救，并说明中毒物品的品名，以便医生救治。

196. 危化品爆炸后附近居民、救助人员、现场幸存者该怎么做

与普通爆炸和火灾不同，危化品爆炸的危害更大，更有可能引发连环爆炸和有害气体蔓延。在此种情况下，应把握"向上风方向快速撤离"的原则展开自救。

（1）附近居民的具体做法

①不围观，不自发组织救人，不硬闯警戒范围，否则，一是可能给自己带来伤害，二是给整个救援过程带来干扰。

②保证交通，服从指挥，让出通道，保持救援交通通畅，避开集中区域。

③不盲目恐慌，不听信谣言。及时收看、收听、接收政府通知，如果有巨大的隐患将影响周围环境，政府会通过官方渠道通知，为撤离做出安排，不轻信谣言。

④保持镇静，做好防护。如果不在危险区域，不必恐慌，大可保持镇静，如果有担心，可以在条件允许情况下做一些自我检查，准备一些日常防护的用品，如果担心化学物质泄漏，可以戴活性炭口罩。

（2）救助人员的具体做法

首先，要保证个人安全。现场的火苗、高温物体都会对人产生一定伤害。如果现场仍存在可燃物，还有继续出现爆炸的可能，会对救援人员造成二次伤害。

其次，根据爆炸的五种伤害机制进行应急处理。

①气压伤。气体的突然膨胀，将带来巨大伤害。对人来说，突出的伤害是对肺部、呼吸道、喉咙等，造成听力受损、鼓膜破裂、角膜损伤、呼吸困难、呼吸衰竭等，严重时导致死亡。这种情况现场没有特殊

抢救办法，须尽快送到医院接受正规治疗。

②碎片伤。坚硬物体的飞溅，比如建筑材料，飞溅划破人体，有可能造成表面破损和内部出血。人体表面破损，如果被割破了动脉，会造成威胁生命的大出血，出血 800 毫升以上可导致休克。出血是导致外伤最主要的致死原因。这种情况下，要想办法来止血，可以用手帕、毛巾压迫止血，或者做一个止血带；如果碎片打入人体内部，可能导致脏器内部出血；如果有硬片刺破胸、刺穿肺，会造成"气胸"，应立刻用塑料、保鲜膜（不透气的东西）来封闭包扎，救援人员有专业的胸贴。

③撞击伤。爆炸造成的气体膨胀，将人弹飞起来，撞到坚硬平面或者锐物上，坠落地面造成坠落伤。胰腺、脾脏、脑组织都是比较脆弱的组织，通常外表看不出伤口，但是后果很严重，一旦被漏诊，后果不堪设想。简易的检查方法是观察体表，是否出现手脚发凉、面色苍白等状况，压甲床（人指甲或是趾甲覆盖的那块皮肤），如果按下发白，松手后立刻变红润是正常，如果两秒钟都不恢复，可能存在问题。

④烧烫伤。一般爆炸都伴随高温。早期处理就是冷水冲，如果是小面积的烧烫伤，从伤口中央到四周用冷水冲。大面积烫伤最好能浸泡到干净的水里，但是时间不宜过久。简易的保护是用保鲜膜覆盖在伤口表面，因为纱布有可能和组织粘连，揭开时很痛，且造成二次伤害。而大面积烧伤，可以用床单裹住体表。注意勿抹酱油、醋、牙膏、菜籽油、芦荟胶等"民间方子"。

⑤爆炸物本身。危化物如果没有充分燃烧，残渣伤害很大。急救方法就是用水冲洗，即"洗消"，通俗来说就是洗澡，浑身的彻底清洁，能够避免化学放射性 90% 的伤害。

（3）现场幸存者的具体做法

①保持镇定。焦躁会降低抵抗能力，增加耗氧量。

②安全转移。观察周围环境，将自己转移到一个安全的地方。不能盲目乱动，以免加重伤害。

③及时调整。及时对自己的各项生命体征进行调整，对身体进行自

我检查，如果口鼻里有泥沙，想办法清理一下。检查身体有没有大出血，自身能做的就是止血。

④正确呼救。不要盲目地持续呼喊，可以找东西进行敲打，或者间接呼喊，以保持体力。

⑤保证呼吸。火灾通常伴随浓烟，而烟尘里有化学物质，可以用手帕、毛巾等沾湿捂住口鼻，采用半蹲的姿势。

197. 易燃易爆危险品在经销过程中如何进行消防安全管理

（1）经销易燃易爆危险品必须具备的条件

国家对易燃易爆危险品经销实行许可制度。未经许可，任何单位及个人都是不能够经销易燃易爆危险品的。经销易燃易爆危险品的企业应当具备以下条件。

①经销场所及储存设施符合国家标准；

②主管人员和业务人员经过专业培训，并取得上岗资格；

③安全管理制度健全；

④符合法律、法规规定以及国家标准要求的其他条件。

（2）易燃易爆危险品经销许可证的申办程序

①经销剧毒品性易燃易爆危险品的企业，应当分别向省、自治区以及直辖市人民政府的经济贸易管理部门或设区的市级人民政府负责易燃易爆危险品安全监督综合管理工作的部门提出申请，并附送满足易燃易爆危险品经销企业条件的相关证明材料。

②省、自治区、直辖市人民政府的经济贸易管理部门或设区的市级人民政府负责易燃易爆危险品安全监督综合管理工作的部门接到申请之后，应当依照规定对申请人提交的证明材料及经销场所进行审查。

③经审查，不符合条件的，书面通知申请人并说明理由；符合条件的，颁发危险品经销（营）许可证，并将颁发危险品经销（营）许可证的情况通报同级公安部门及生态环境部门。申请人凭危险品经销（营）许可证向工商行政管理部门办理登记注册手续。

（3）易燃易爆危险品经销的消防安全管理要求

①企业经销易燃易爆危险品时，不应当从未取得易燃易爆危险品生产许可证或易燃易爆危险品经销（营）许可证的企业采购易燃易爆危险品；易燃易爆危险品生产企业也不得向没有取得易燃易爆危险品经销（营）许可证的单位或个人销售易燃易爆危险品。

②经销易燃易爆危险品的企业不得经销国家明令禁止的易燃易爆危险品；也不得经销无安全技术说明书及安全标签的易燃易爆危险品。

③经销易燃易爆危险品的企业储存易燃易爆危险品时，应遵守国家易燃易爆危险品储存的有关规定。经销商店内只能够存放民用小包装的易燃易爆危险品，其总量不得超过国家规定的限量。

第七章

预防生活火灾，携手打造平安家园

198. 生活中常见的消防陋习

（1）在床上吸烟。在床上吸烟，床上的床单、被子等都是可燃物，一不小心将未熄灭的烟头掉落床上，很有可能引燃被褥，引起火灾。

（2）随地乱扔烟头。随地乱扔未熄灭的烟头，容易点燃可燃物质，引发火灾，造成巨大损失。

（3）抽油烟机长期未清理着火。抽油烟机长期未清理，导致烟道内油烟堆积，厨房内可燃物众多，一不小心就会引发火灾。

（4）火灾发生时贪恋财物。遇到火灾时，必须迅速疏散逃生，千万别为穿衣或寻找贵重物品而浪费时间，因为任何珍宝都比不上生命更为珍贵。更不要在已经逃离火场后，为了财物而重返火场。

（5）人走忘关火断电。在家里，厨房，一定要做到人走关火断电，否则燃气长时间燃烧，电器长时间运转，极易发生火灾。

199. 公共场所常见的消防隐患

（1）安全疏散通道被堵塞

安全出口是发生火灾后的"生命通道"，在许多公共聚集场所，都应设有安全出口或是疏散指示标志。发生火灾时，为避免室内人员因火烧、缺氧窒息、烟雾中毒和房屋倒塌造成伤害，要尽快疏散、转移室内的物资和财产，以减少火灾造成的损失，同时，消防人员必须迅速赶到火灾现场进行灭火。这些行动都必须借助于场所内的安全疏散设施来实施。因此，如何保证安全疏散是十分重要的。在日常消防监督检查中，不难发现有些场所擅自将货物堆放在疏散通道内，或是将出口上锁封闭，造成安全出口不畅和数量不足，一旦发生火灾，极易造成人员伤亡，甚至是群死群伤。

（2）室内消防设施损坏

日常较为常见的消防设施包括室内消火栓、灭火器、防火卷帘、手动报警按钮、烟感探测器、自动报警系统、防排烟设施等，它们在发生火情后都能及时发挥作用，使之不致成灾或把灾害降低到最小。根据《消防法》第六十条的规定，个人损坏、挪用或者擅自拆除、停用消防设施、器材的，处警告或者五百元以下罚款；对于单位的违法行为，责令改正，处五千元以上五万元以下罚款。

（3）室内装饰、装修使用大量可燃材料

为了美观好看或是图方便省事，难免有不少场所顶棚、墙面或是地毯大量采用可燃物装修，或是室内装饰多为可燃物，致火灾负荷增加，一旦失火，极易形成猛烈燃烧。

（4）违规用火用电

在舞厅、酒吧、商场等休闲娱乐场所，用电的种类和数量繁多，如果不按规定安装，长时间使用，极易产生线路老化，加之超负荷运转，易导致火灾发生。同时，有的娱乐场所没有严格的用火用电管理制度，烛火、吸烟普遍存在，电线乱拉乱接现象严重，都是非常危险的行为。

2024年1月24日15时许，某市一临街店铺发生特别重大火灾事故，截至24日20时50分，共造成39人遇难，9人受伤。据了解，起火建筑为六层商住一体砖混结构的楼房，起火部位在负一楼，火势迅速蔓延至一楼、二楼的商业店铺。经初步查明，该楼负一楼正在进行冷库装修，因施工人员违规动火施工造成起火，因火势太大无法及时扑灭，浓烟通过楼道涌至二楼，二楼是某培训机构和某宾馆，受困人主要是参加培训的学生和住宿的旅客。

❀ ❀ ❀ ❀ ❀ ❀ ❀ ❀ ❀ ❀ ❀ ❀ ❀ ❀ ❀

200. 如何预防厨房火灾的发生

（1）安全用气

①厨房门窗保持通风。一旦室内有天然气和一氧化碳等有害气体，能及时排出，从而消除爆炸中毒等危险。

②常检查、勤维护。经常检查天然气管道、煤气瓶管道阀门、炉灶、热水器连接软管等是否固定牢，有无漏气点。如发现问题及时通知修理。

③炉灶周围禁止堆放易燃物。厨房炉灶周围不要放塑料品、干柴、抹布等易燃可燃物品。

④人走火灭。使用燃气时，必须要有人照看，防止汤水沸溢将火熄灭，造成燃气泄漏，导致火灾或爆炸事故的发生。

⑤教育小孩不要玩弄燃气用具。以免忘记关闭开关或扭坏开关造成漏气，导致危险事故发生。

（2）厨房整洁

①定期清洗抽油烟机、排气扇。经常检查抽油烟机里的油垢，当油杯所盛污油达六分满时应及时倒掉，对油烟机、排气扇的油垢要定期清洗，以免油污遇明火引起火灾。

②保持厨房电器放置环境干爽。发现电器用品周边有水迹，要立即擦干。

（3）安全用电

①厨房电器正确操作使用。确保家电能正确操作使用。空转或空烧会加快电器的磨损和老化，因此对于大部分厨房电器而言，在使用时避

免空转（如榨汁机）、空烧（如微波炉、电饭煲）是最重要的一个环节。

②厨房电气线路定期检查。对厨房电气应定期检查，避免电线裸露、潮湿等情况，同时，尽可能不同时使用大功率电器，避免超负荷用电。

③厨房电器用后要及时关闭电源。电饭煲、电炒锅、电磁炉等可移动的电器，用完后除关掉开关，还应把插头拔下，以防开关失灵导致长时间通电损坏电器，造成火灾。

2022年12月，江西某市一位八旬老人做饭时打瞌睡，锅内的水烧干浑然不知，导致起火。消防救援人员赶赴现场，迅速转移楼内居民，只见滚滚黑烟笼罩房间，老人无法辨认出口被困其中。救援人员高声喊话指引老人到出口处，并搀扶其至安全区域后将火成功扑灭，所幸无人员伤亡。

201. 室内火灾发展的阶段

对室内火灾而言，通常最初发生在某个房间的某个部位，然后可能由此蔓延到相邻的部位或房间以及整个楼层，最后蔓延到整个建筑物。这里的"室"不仅指住宅、写字楼、厂房、仓库等建筑内的房间，还泛指所有具有顶棚、墙体和开口（如门、窗）结构的受限空间，例如，汽车和火车的车厢、飞机和轮船的舱等。

在不受干预的情况下，室内火灾发展过程大致可分为初期增长阶段（也称轰燃前阶段）、充分发展阶段（也称轰燃后阶段）和衰减阶段。由于室内平均温度是表征火灾燃烧强度的重要指标，因此常用这一温度随时间变化的情况来描述室内火灾的发展过程，如图所示。

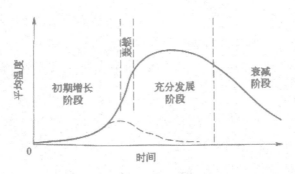

建筑室内火灾平均温度−时间曲线图

（1）初期增长阶段

初期增长阶段从室内出现明火算起。此阶段燃烧面积较小，只局限于着火点附近的可燃物燃烧，仅局部温度较高，室内各处的温度相差较大，平均温度较低，其燃烧状况与敞开环境中的燃烧状况差别不大。该阶段由于燃烧范围小，室内供氧相对充足，燃烧的速率主要受控于可燃物的燃烧特性，与通风条件无关，因此，此阶段的火灾属于燃料控制型火灾。随着燃烧的持续，该阶段可能进一步发展形成更大规模的火灾，也可能中途燃烧自行熄灭，或因灭火设施动作或人为的干预而被熄灭，如图中虚线所示。初期阶段持续时间的长短不定。

（2）充分发展阶段

室内燃烧持续一定时间后，如果燃料充足，通风良好，燃烧会继续发展，燃烧范围不断扩大，室内温度不断上升，当未燃的可燃物表面达到其热解温度后，开始分解释放出可燃气体。当室内温度继续上升到一定程度时，会出现燃烧面积和燃烧速率瞬间迅速增大，室内温度突增的现象，即轰燃，标志着室内火灾由初期增长阶段转变为充分发展阶段。

进入充分发展阶段后，室内所有可燃物表面开始燃烧，室内温度急剧上升，可高达800～1000摄氏度。由于此阶段大量可燃物同时燃烧，燃烧的速率受控于通风口的大小和通风的速率，因此，此阶段属于通风控制型火灾。此阶段，火焰会从房间的门、窗等开口处向外喷出，沿走廊、吊顶迅速向水平方向以及通过竖向管井、共享空间等纵向空间蔓延扩散，使邻近区域受到火势的威胁。这是室内火灾最危险的阶段。

（3）衰减阶段

在火灾全面发展阶段的后期，随着室内可燃物数量的减少，燃烧速度减慢，燃烧强度减弱，温度逐渐下降。一般认为，当室内平均温度下降到其峰值的80%时，火灾进入衰减阶段。最后，由于燃料基本耗尽，有焰燃烧逐渐无法维持，室内只剩一堆赤热焦化后的炭持续无焰燃烧，其燃烧速度已变得相当缓慢，直至燃烧完全熄灭。

上述后两个阶段是可燃物数量充足、通风良好的情况下，室内火灾的自然发展过程。实际上，一旦室内发生火灾，常常伴有人为的灭火行动或者自动灭火设施的启动，因此会改变火灾的发展进程。不少火灾尚未发展就被扑灭，这样室内就不会出现破坏性的高温。如果灭火过程中，可燃材料中的挥发分并未完全析出，可燃物周围的温度在短时间内仍然较高，易造成可燃挥发分继续析出，一旦条件合适，可能会出现死灰复燃的情况，这种情况不容忽视。

202. 室内火灾的特殊现象

室内火灾发展过程中出现的轰燃现象，是火灾发展的重要转折点。轰燃所占时间较短，通常只有数秒或者几分钟，因此把它看作一种现象，而不作为一个阶段。回燃则是建筑火灾过程中发生的具有爆炸性的特殊现象，对人身财产安全、建筑结构本身均易造成较大的威胁和破坏。

（1）轰燃

轰燃是指室内火灾由局部燃烧向所有可燃物表面都燃烧的突然转变。室内轰燃是一种瞬态过程，其中包含着室内温度、燃烧范围、气体浓度等参数的剧烈变化。目前研究认为，当室内火灾出现以下三种情况，即可判断发生了轰燃：一是顶棚附近的气体温度超过某一特定值（约 600 摄氏度）；二是地面的辐射热通量超过某一特定值（约 20 千瓦 / 平方米）；三是火焰从通风开口喷出。影响轰燃发生的重要因素包括室内可燃物的数量，燃烧特性与布局，房间的大小与形状，房间开口的大小、位置与形状，室内装修装饰材料热惯性（导热系数、密度和比热组合成的一个参数，决定热量吸收的多少）等。

通过国内外一线专业消防救援人员在灭火实战中的总结，轰燃发生之前火场可能出现以下征兆。

①屋顶的热烟气层开始出现火焰。这说明室内的温度已经很高，热烟气层的部分可燃气体被引燃或受热自燃出现了零星燃烧现象。

②出现滚燃现象。在室内的顶棚位置以及门、窗顶部流出的热烟气层中都有可能观察到由于空气卷吸而形成很多形似手指头的滚动火焰，即滚燃现象。

③热烟气层突然下降。室内燃烧产生烟气的量突然增加，使得烟气层突然变厚。

④温度突然增加。室内温度突然上升，裸露部分的皮肤可以感觉到高温引起的疼痛，这也是轰燃发生之前的重要征兆，因为热量是触发轰燃的原因。

（2）回燃

回燃是指当室内通风不良、燃烧处于缺氧状态时，由于氧气的引入导致热烟气发生的爆炸性或快速的燃烧现象。回燃通常发生在通风不良的室内火灾门、窗打开或者被破坏的时候。这是因为在通风不良的室内环境中，长时间燃烧后聚集大量具有可燃性的不完全燃烧产物和热解产物，这些处于气相的可燃性物质包括可燃气体、可燃液滴和碳烟粒子，它们组成了可燃性的混合物，而且其浓度随着燃烧时间的增长而不断变大，但由于室内通风不良、供氧不足，氧气的浓度低于可燃气相混合物爆炸的临界氧浓度，因此不会发生爆炸。然而，当房间的门、窗被突然打开，或者因火场环境受到破坏，大量空气随之涌入，室内氧气浓度迅速升高，使得可燃气相混合物进入爆炸极限浓度范围内，从而发生爆炸性或快速的燃烧现象。回燃发生时，室内燃烧气体受热膨胀从开口逸出，在高压冲击波的作用下喷出火球。回燃产生的高温高压和喷出火球不仅会对人身安全产生极大威胁，而且会对建筑结构本身造成较强破坏。

　　室内发生火灾时，处于气相的可燃混合物浓度和室内的氧浓度是回燃发生的决定性因素。回燃的剧烈程度随室内可燃气相混合物浓度的增加而增大。室内火灾中可燃气相混合物浓度的大小，主要取决于室内可燃物的类型、火灾荷载密度（火灾荷载指某一空间内所有物质，包括装修装饰材料的总热值，火灾荷载密度即单位建筑面积上的火灾荷载）、通风条件以及燃烧时间等。

　　回燃发生前通常也可能出现一些征兆。如果身处室外，可能观察到的征兆包括：着火房间开口较少，通风不良，蓄积大量烟气；着火房间的门或窗户上有油状沉积物；门、窗及其把手温度高；开口处流出脉动式热烟气；有烟气被倒吸入室内的现象。如果身处室内，或向室内看去，可能观察到的征兆包括：室内热烟气层中出现蓝色火焰（表明燃烧缺氧，燃烧产物中含有较多一氧化碳，其燃烧呈蓝色）；听到吸气声或呼啸声。但回燃发生前的征兆并不稳定，有时回燃发生前只能观察到一两种征兆。

　　室内火灾的灭火救援过程中，如果发现上述任何征兆，在未做好充分的灭火和防护准备前，不要轻易打开门、窗，以免新鲜空气流入导致回燃的发生。可以采取顶部通风排烟、侧翼夹击射水灭火等方式，尽量降低回燃的发生率和危害性。

203. 建筑火灾的蔓延途径

建筑内某一房间发生火灾时，在火势没有得到有效遏制而迅速发展的情况下，会突破该房间的防火分隔，向其他空间蔓延。火灾主要的蔓延途径包括水平蔓延和竖向蔓延等。

（1）水平蔓延

在建筑的着火房间内，主要因火焰直接接触、延烧或热辐射作用等导致火灾在水平方向蔓延。在着火房间外，主要因防火分隔构件直接燃烧、被破坏或隔热作用失效，烟火从着火房间的开口蔓延进入其他空间后因高温热对流等作用导致火灾在水平方向的蔓延。下列情况是导致建筑火灾在水平方向蔓延的常见情形。

①建筑内水平方向未设置防火分区或防火分隔。

②防火分隔方式不当，导致其不能发挥阻火作用。

③防火墙或防火隔墙上的开口处理不完善。

④采用可燃构件与装饰材料。

在实际工程中，防火隔墙和房间隔墙未砌至顶板或隔断吊顶，或未采用防火门而采用可燃的木质门，防火门未能及时关闭、防火卷帘不能及时降落，或防火分隔水幕保护设计不合理等，均会导致火灾的水平蔓延。防止火灾水平蔓延的主要方式有：设置防火墙或防火隔墙、防火门、防火卷帘等设施，将各楼层在水平方向分隔为不同的防火分隔区域。

（2）竖向蔓延

延烧和烟囱效应是造成火灾竖向蔓延的主要原因。

建筑内部的楼梯间、电梯井、管道井、电缆井、垃圾井、排气道、中庭等竖向通道和空间，往往贯穿建筑的多个楼层或整个建筑，如果没有进行合理、完善的防火分隔或封堵，一旦发生火灾，会产生较强烈的烟囱效应，导致火灾和烟气在竖向迅速蔓延。特别是对于高层建筑，烟囱效应导致的火灾竖向蔓延是使火灾迅速蔓延至整栋建筑的主要途径。防止火灾在建筑内部竖向蔓延主要是对竖向贯穿多个楼层的井道或开口进行防火封堵和分隔、设置防火门、防火卷帘等。

火灾中的高温羽流也会促使火焰蹿出外窗，通过建筑的外墙上的开口向上层蔓延。一方面，由于火焰与外墙面之间的空气受热逃逸形成负压，周围冷空气的压力致使烟火贴墙面而上，使火蔓延到上一层，甚至越层向上蔓延。另一方面，由于火焰贴附外墙面，致使热量透过墙体引燃起火层上面一层房间内的可燃物。建筑的外窗形状、大小以及挑檐设置情况对火势蔓延有很大影响。当窗口高宽比较小时，火焰或热气流贴附外墙面的现象明显，使火势更容易向上发展。

火灾还可能沿建筑外墙面竖向蔓延。随着外墙外保温材料和落地窗、幕墙等建筑形式在我国建筑上的广泛应用，火灾通过建筑外墙大面积蔓延的案例越来越多。

（3）其他蔓延途径

建筑中一些不引人注意的孔洞，有时会造成整座大楼发生严重火灾，尤其是在现代建筑中，吊顶与楼板之间、幕墙与分隔构件之间的空隙或缝隙，管道穿越墙体或楼板处、工艺开口等都有可能因施工质量等留下孔洞，而且有的孔洞水平方向与竖直方向互相贯通，使用者往往不知道这些孔洞是导致火灾蔓延隐患的存在，更不会采取相应的防火措施，使小火酿成大灾。

通风和空气调节系统的风管是建筑内部火灾及其烟气发生蔓延的常见途径之一。风管自身起火会使火势向相互连通的空间（房间、吊顶内部、机房等）蔓延。起火房间的火灾和烟气还会通过风管蔓延到建筑物内的其他空间。建筑空调系统未按规定设置防火阀、风管或风管的绝热材料未按要求采用不燃材料等，都容易造成火灾蔓延。

204. 厨房发生火灾后如何进行扑救

（1）熄灭明火。如果火焰还很小，可以尝试用湿毛巾、灭火毯或防火毛巾等封闭火源，以切断氧气的供应。或者可以使用灭火器喷射消防泡沫，灭火器喷射距离一般在 1 ~ 3 米。注意，灭火器使用时应保持正确的姿势和方向，避免火焰吹向自己。

（2）戴上防护手套。在灭火前应戴上合适的防护手套，以免受到火焰、高温和热辐射的伤害。优质的防护手套能够有效地隔热，防止手部烧伤。

（3）切断电源。发生厨房火灾时，首先要确保切断电源，以避免电器设备引发的次生火灾，并增加灭火的安全性。

（4）使用湿毛巾捂住口鼻。这样可以过滤空气中的有害烟雾和有毒气体，减少对呼吸系统的伤害。

（5）打开窗户通风。如果可能，应该尽快打开窗户通风，以便将有害烟雾排出室外。这样可以减少空气中的烟雾密度和浓度，为灭火创造更好的环境。

（6）切勿用水扑灭油火。当厨房发生油火时，绝对不要用水灭火。因为油和水相遇会产生剧烈的化学反应，并产生大量的蒸汽和水蒸气，导致火势更加猛烈。可以使用灭火器喷射二氧化碳，或者使用湿毛巾封堵通气口。

205. 油锅起火怎么办

（1）盖上锅盖，隔绝空气，窒息灭火。

（2）如果没有锅盖，可以倒入蔬菜，通过降低油锅温度，冷却灭火。

（3）如火势较小，可以打湿毛巾、围裙、抹布、衣服等，将火焰盖住将火闷灭。如火势较大，要第一时间关掉燃气阀门，然后使用灭火毯或灭火器进行灭火。

2021年7月18日，福建长乐区某街道一民房的厨房发生火灾，大量浓烟不断从屋内冒出。经询问住户得知是因为油锅起火，情急之下住户阿姨往着火的油锅里倒水灭火，致使油火溅起，二次引起油烟机着火。

206. 家用罐装煤气炉灶如何安全使用

（1）要检查炉灶及钢瓶是否完好。

（2）液化气用具应放置在通风良好的厨房内使用，不得存放在住人的房间、办公室、公共场所，严防高温和日光暴晒。在厨房中，钢瓶和灶具要保持1～1.5米的安全距离，并保证室内空气流通，不得与明火设备在同一厨房使用。

（3）要掌握开关的正确使用方法。点火时要先开角阀，然后划火柴从侧面接近炉盘火孔，再启炉灶开关。如没有点着，应关好炉灶开关，等油气扩散后再重新点火，不能颠倒操作程序。使用中不要随便离人，要随时注意燃烧情况，防止风吹或者锅壶中的汤水沸溢而熄灭火焰，使油气扩散，以致遇明火发生燃烧爆炸。

（4）不要让幼、老、弱、残以及不会使用液化气的人去使用，教育儿童不要搬动气瓶、玩弄灶具上的开关或部件。

（5）用完炉火后，应及时关好角阀、炉灶开关，在临睡时和外出前还应将所有开关检查一遍，看看是否全部关闭，以免因胶管老化泄漏、脱落或者被老鼠咬破而使气体逸出。经常检查炉灶的各个部位，发现阀门堵塞、失灵、胶管老化破损等情况要立即停用，修理更换。

（6）液化气钢瓶要防止碰撞、敲打，不得接近热源、火源或与化学危险物品混存，防止日光直射及长期雨淋。严禁在快用完时，用热水烫、烘烤、火烧等方法对气瓶加热，或者以摇晃的方法使用。液化气钢瓶不能卧倒、倒置使用，以免液体流出发生危险。严禁用自流方法，将液化气从一个钢瓶倒入另一钢瓶。因液化气质量和气温影响，气瓶内有残液是正常情况，这种残液已无使用价值，应由充装单位统一回收处理，严禁用户自行处理，严禁将其倒入下水道、地沟、排水沟、河流、防空洞及其他场所，禁止在街道上排放油气，更不得用残液生火。

207. 煤气罐起火时如何处理

起火煤气罐发生爆炸是需要一定条件的，当周边有很多可燃物，燃烧罐体受到高温烘烤，或是煤气泄漏到一定浓度又遇火花，以上两种情况极易引发爆炸。煤气罐一旦起火，可参考如下操作。

（1）燃气罐阀门完好。如果起火的燃气罐阀门完好，应首先关闭阀门，再将湿毛巾盖在阀门上，顺时针转动阀门直至关闭。

（2）气罐阀门损坏。此时可以先不灭火，用湿毛巾按住煤气罐把手，将其转移到空旷地带站立放置，再用水冷却瓶身，等待燃气燃烧完毕。

（3）煤气罐无法转移。立即开窗通风，清除周边易燃物，及时到户外拨打119，等待消防员的救助。注意不要用水灭火，也不要将煤气罐放倒。

2023年6月，某烧烤店发生一起特别重大燃气爆炸事故，造成31人死亡、7人受伤，直接经济损失5114.5万元。事故直接原因是液化石油气配送企业违规给该烧烤店配送带有气相阀和液相阀的"双嘴瓶"，店员误将气相阀调压器接到液相阀上，使用发现异常后擅自拆卸安装调压器造成液化石油气泄漏，处置时又误将阀门反向开大，导致大量液化石油气喷出，与空气混合达到爆炸极限，遇厨房内明火发生爆炸进而起火。由于没有组织疏散、唯一楼梯通道被炸毁的隔墙严重堵塞、二楼临街窗户被封堵并被锚固焊接的钢制广告牌完全阻挡，严重影响人员逃生，导致伤亡扩大。

208. 如何安全使用管道燃气

（1）用气勿离人。使用燃气时，应保持室内通风良好，不要远离厨房，防止火焰熄灭发生漏气或燃气失控引发事故。

（2）用完关阀门。每次使用燃气具后，要立即关闭燃气具前阀门；如长时间不用，应关闭燃气表前阀门，防止发生燃气泄漏。

（3）经常查泄漏。用户应该定期进行安全自检，可用洗洁精水涂抹在燃气表、燃气管道、阀门等各连接处检查是否漏气，如有气泡证明有漏气现象，需及时报修。

（4）定期查软管。用户要定期检查连接燃气具的软管是否脱落、老化、漏气、磨损，发现问题要及时联系燃气公司进行更换。

（5）管道禁挂物。不要在燃气管道上缠挤电线或悬挂物品；不要包裹燃气管道和设备，不要私拆、私装、私改、私接燃气管道和设备，如有需要，应由专业人员负责维修、改造等。

（6）泄漏勿开电。闻到天然气臭味，严禁开启任何电器开关，立即关闭燃气表前总阀门，轻轻打开门窗通风，到室外拨打燃气公司报修电话。

（7）厨房禁用第二气源。使用天然气的厨房严禁使用其他气源，一旦泄漏将易引发恶性爆炸事故。

209. 燃气使用的错误行为

（1）厨房用火、用气无人在旁。

（2）使用不合格或老化的气瓶。

（3）在厨房使用燃气时使用杀虫剂。

（4）燃气管道上挂重物。

（5）厨房堆放易燃可燃物品。

（6）出门未关燃气阀门。

210. 如何检查燃气用具是否漏气

（1）闻——用鼻子闻。家庭燃气在进入居民家前都进行了加臭处理，使燃气带有类似臭鸡蛋的气味，这样易发现泄漏。所以一旦察觉到家中有类似的异味，就有可能是燃气泄漏。

（2）看——看燃气表。在完全不用气的情况下，查看燃气表的末位红框内数字是否走动，如果走动可判断为燃气表阀门后有泄漏（如燃气表、灶具和热水器连接燃气表之间的胶管、接口等地方）。

（3）涂——涂肥皂水。肥皂或洗衣粉用水调成皂液洗衣粉水，依次涂抹在燃气管、燃气表胶管、旋塞开关处等容易漏气的地方，以检查燃气是否发生泄漏。皂液如遇燃气泄漏，就会被漏出的燃气吹出泡沫。当看到泡沫产生，并不断增多，则表明该部分发生了漏气。不过，对于极微小漏点可能无法观察到，要以专业检测工具检测结果为准。

（4）测——使用专业的燃气泄漏报警器。使用专业的燃气报警器（如家用燃气泄漏报警器）查漏，燃气报警器必须从正规商店购买。

211. 遇到燃气泄漏该如何处置

（1）当闻到家中有轻微可燃气体异味时，要进行仔细辨别和排除，如果确定是自己家有轻微泄漏的话，首先要立即开窗开门，形成通风对流，降低泄漏出的可燃气体浓度，并关闭各截门和阀门。

（2）在开窗通风的同时，要保持泄漏区域内电器设备的原有状态，避免开关电器，以防引起爆炸，如开／关灯（不论是拉线式还是按钮式）、开 / 关排风扇、开 / 关抽油烟机和打电话（不论是座机还是手机）等，以免产生电火花和电弧，引燃和引爆可燃气体。

（3）如果检查发现不是因燃气用具的开关未关闭或软管破损等明显原因造成的可燃气体泄漏，就要立即通知物业部门进行检修。

（4）如果是刚回家就闻到非常浓的可燃气体异味，要迅速大声喊叫"有可燃气体泄漏了"，用最快方式通知周围邻居好让大家注意熄灭明火，避免开关电器。同时，要离开泄漏区，在可燃气体浓度较低的地方迅速拨打 119，并说明是哪种可燃气体泄漏。

212. 微波炉怎么用才安全

微波炉因其操作简便，热效率高，无污染无噪声，很受欢迎。但是使用不当也容易引起火灾。

（1）不要空炉开启电源。因为炉内无食物时，空烧会使微波管损坏。

（2）要把微波炉放置在离磁性物（如变压器等）较远的地方。

（3）不可用金属器皿盛放食物放入炉内加热。因为金属器皿有反射微波的特性，容易形成高频回路，损坏微波管。所以，食物最好用陶瓷、玻璃器皿盛放。

（4）微波炉门关闭一定要严实，以防微波泄漏。使用时发现故障，一定要先切断电源，才能进行维修。

213. 哪些东西可以放进微波炉加热

可以放进微波炉加热的物品：陶瓷和耐热玻璃制品、带有"微波炉安全"标识的塑料容器等。

不可以放进微波炉加热的物品：含有金属材料的容器、普通的塑料餐盒、纸质的盒子、鸡蛋、水果、带密封包装的食品等。

214. 面粉爆炸的危害

面粉爆炸是指面粉颗粒遇明火产生爆炸的现象。如果空气中悬浮有大量的面粉粉尘，并达到很高的浓度时，比如每立方米空气中含有9.7克面粉时，一旦遇有火苗、火星、电弧或适当的温度，瞬间就会燃烧起来，形成猛烈的爆炸，其威力不亚于炸弹。面粉粉尘之所以会成为"炸药"，是因为粉尘具有较大的比表面积。与块状物质相比，粉尘化学活性强，接触空气面积大，吸附氧分子多，氧化放热过程快。当条件适当时，如果其中某一粒粉尘被火点燃，就会像原子弹那样发生连锁反应，爆炸就发生了。

2018年9月11日，福建厦门一住户在家中制作面食时，疑似使用烤箱和大量面粉引发粉尘爆炸，屋内一男一女被烧伤，烧伤面积50%以上，送进医院时生命垂危。

2021年4月23日，在河南驻马店一场婚礼上，有人往新人头上撒面粉，寓意为"白头偕老"。因燃放鞭炮，引起了粉尘爆炸，现场一片混乱，万幸没有发生人员伤亡。

---

215. 自热锅冒出的气体能被点燃吗

自热锅冒出的气体能被点燃。自热锅中的发热包发热时会产生微量氢气，氢气是一种具有可燃性和还原性的气体，纯净的氢气在空气中安静地燃烧，而不纯的氢气在燃烧时可能产生爆炸。

216. 围炉煮茶时要注意什么

围炉煮茶是时下兴起的一种聚会活动，不过这炉暖茶香的温馨场景下暗藏危险。围炉使用到的木炭经燃烧会释放出一氧化碳，而一氧化碳是一种无色、无味的有毒气体，人体吸入后会导致缺氧，严重时甚至会导致死亡。在围炉煮茶的过程中，如果不注意通风，很容易产生一氧化碳积聚，引发中毒事件。因此围炉煮茶要注意以下几点。

（1）选择合适的场地。尽量选择宽敞、通风良好的室内或室外场地进行围炉煮茶，避免在密闭或空气不流通的空间内进行。

（2）定期检查。要定期检查和维护围炉设备，发现损坏和老化等问题时，要及时进行维修或更换。注意炭火的选择，使用充分燃烧的木炭或优质煤炭，尽量避免使用含硫量较高的劣质煤炭。活动结束后记得及时熄灭火源。

（3）保持通风。在围炉煮茶的过程中，要时刻关注通风情况。一定要把窗户都打开，保持空气流通，即使使用无烟炭，也要记得开窗。同时，不要在室内放置阻挡通风的物品。

（4）控制火源。在煮茶时，要控制好火源的大小和燃烧时间。避免长时间燃烧，以免产生过量的一氧化碳和烟雾。若出现头晕、头痛、恶心等一氧化碳中毒症状，应立即停止活动，并尽快转移到空气新鲜的地方。

217. 室内安全用电的注意事项

（1）合理安装配电盘。要将配电盘安装在室外安全的地方。配电盘下切勿堆放柴草和衣物等易燃、可燃物品，防止保险丝熔化后炽热的熔珠掉落将物品引燃。保险丝的选用要根据家庭最大用电量，不可随意更换粗保险丝或用铜丝、铁丝、铝丝代替。有条件的家庭宜安装合格的空气开关或漏电保护装置，当用电量超负荷或发生人员触电等事故时，它可以及时动作并切断电流。

（2）正确使用电源线。家用电源线的主线至少应选用 4 平方毫米以上的铜芯线、铝皮线或塑料护套线，在干燥的屋子里可以采用一般绝缘导线，而在潮湿的屋子里则要采用有保护层的绝缘导线，对经常移动的电器设备要采用质量好的软线。对于老化严重的电线应及时更换。

（3）合理地布置电线。合理、规范布线，既美观又安全，能有效防止短路等现象的发生。如果电线采取明敷时，要防止绝缘层受损，可以选用质量好一点的电线或采用穿阻燃 PVC 塑料管保护，通过可燃装饰物表面时，要穿轻质阻燃套，有吊顶的房间其吊顶内的电线应采用金属管或阻燃 PVC 塑料管保护。对于需要穿过墙壁的电线，为了防止绝缘层破损应将硬塑料管砌于墙内，两端出口伸出墙面约 1 厘米。

（4）正确使用家用电器。首先是必须认真阅读电器使用说明书，留心其注意事项和维护保养要求。对于空调器、微波炉、电热水器和烘烤箱等家用电器一般不要频繁开关机，使用完毕后不仅要将其本身开关关闭，同时还应将电源插头拔下。有条件的最好安装单独的空气开关。对一些电容器耐压值不够的家用电器，因发热或受潮就会发生电容被击穿而导致烧毁的现象，如果发现温度异常，应断电检查，排除故障，并宜在线路中增设稳压装置。

（5）做好防火灭火工作。人离家或睡觉时，要检查电器是否断电。对于有条件的家庭，购置一个 2 公斤以上的小型灭火器是非常必要的。此外，一般家里还应准备手电、绳子、毛巾等必备的防火逃生工具。一旦发生电器火灾，不要惊慌，先要及时拉闸断电，并大声向四邻呼救，拨打火警电话 119，同时，用水、湿棉被或平时预备的灭火器迅速灭火。如果火势太大时，要适时避险，千万不要恋财，舍不得家具财物，因为生命是最重要的，逃命要紧。

218. 如何防范电器引发火灾

（1）购买安全认证的电器。购买电器的时候应该选择具有安全认证标志的产品。比如，CCC 认证对于中国市场的电器是必需的。

（2）确保电器正常工作。使用电器时一定要保证电器正常工作。例如，当我们使用手机或者笔记本电脑时，要确保电池和电源线是正规品牌，并定期更换损坏的电池或者电源线。

（3）正确使用插座。电器插座的使用也是一个重要的环节。首先，要使用具有过载保护功能的插座，能够自动断开电流，以防止短路引发的火灾。其次，避免使用多个插头接在同一个插座上，这样会增大电流过载的风险。

（4）定期清洁和维护电器。将电器保持清洁和维护同样重要。例如，电视、冰箱等电气设备的通风孔不可堵塞，应经常清理。冰箱和空调的滤网也应定期清洗和更换以保持良好的工作效果。

（5）避免长时间待机。长时间待机不仅会浪费能源，也会增加电器发生故障的风险。当我们不使用电器时，应主动关掉电源或者拔掉插头，以免产生危险。

（6）防止电线过热。电线过热是电器引发火灾的一个常见原因。因此，在使用电器时要确保电线不被压在重物下，避免因摩擦或者损坏导致电线过热。

（7）正确使用充电器。如今，充电器已经成为日常生活中必不可少的电器之一。为了避免火灾，必须正确使用充电器。不要使用劣质充电器，选择正品保证使用的安全。同时，不要将充电器长时间插在插座上，以防止过热的发生。

（8）及时修理或更换老旧电器。老旧电器容易故障，从而引发火灾。因此，一旦发现电器存在问题，应及时修理或更换。定期进行电器检查也可以预防因老旧电器引发火灾。

219. 使用电吹风的注意要点

（1）电吹风最好是在家里使用，不能用于工业。

（2）在使用的时候要保证手部干燥，不能将电吹风浸入水中。

（3）电吹风要远离水，禁止在有水的附近使用电吹风。

（4）要保持风口网罩干净，不要被毛发堵住。

（5）使用完之后，要立即断电，等冷却后，放在通风好的地方，远离阳光暴晒。

220. 超负荷用电有多危险

（1）引发火灾。超负荷用电会导致电线过热，产生火花或烟雾，引发火灾。

（2）损坏电器。超负荷使用电器会加速电器的老化，缩短电器的使用寿命。

（3）触电危险。超负荷用电时，电线可能会发生破损或松动，容易引发触电事故。

221. 电视机起火原因有哪些

（1）高压放电着火。

（2）电视机电子元件本身质量问题。

（3）通风不良，机内温度过高。

（4）雷击天线。

（5）电源变压器起火。

222. 电视机起火的预防措施有什么

（1）电视机要放在通风良好的地方，不要放在柜、橱中。如果要放在柜、橱中，其柜、橱上应多开些孔洞（尤其是电视机散热孔的相应部位），以利于通风散热。

（2）电视机不要靠近火炉、暖气管。连续收看时间不宜长，一般连续收看 4 ~ 5 小时后应关机一段时间，高温季节不宜长时间收看。

（3）看完电视后，要切断电源。

（4）电视机应放在干燥处，在多雨季节，应注意电视机受潮，要防止液体进入电视机。

（5）室外天线或共用天线要有防雷设施。避雷器要有良好的接地，雷雨天尽量不用室外天线。

（6）电视机冒烟或发出焦味，要立即关机。若是电视机起火，应先拔下电源插头，切断电源，用干粉灭火器灭火。没有灭火器时，可用棉被、棉毯将电视机盖上，隔绝空气，窒息灭火，切忌用水浇。

223. 空调起火原因有哪些

空调起火主要原因是安装不符合要求。电源线与电机等连接接头接触不良或松动，过热打火引热空调机塑料外壳等可燃物起火；选用的导线截面积过小造成超负荷起火；选用的插头容量过小耐压低，导致被击穿，引起短路起火；保险丝与空调器容量不匹配，当出现故障时不能迅速熔断起火；误接电源起火，如窗式空调器通常使用单相 220 伏电源，电源插头是单相三线插头，误以为是 380 伏的三相电源，因误接起火；安装位置不当，空调器安装在可燃构件上，距离窗帘、木结构等物体间距过近或安装在潮湿部位未做防潮防雨处理，或遮挡面积不够，夏日空调冷凝器受阳光照射时间过长，正午高温时温度高达 40 摄氏度以上，空调机连续运行几小时不停，压缩机过热，过载保护器频繁动作烧毁压缩机或电路发生故障起火。

224. 如何预防空调起火

（1）要选择质量好、信誉佳的空调器品牌。

（2）要请专业空调器安装人员安装空调器，选用与空调器相匹配的导线、插头及保险丝。

（3）空调器不应安装在距窗帘过近的地方，周围不得堆放可燃物品。

（4）正确使用家用空调器，不要短时间内连续切断或接通空调器电源；当停电或拔掉电源插头后，一定要记住将选择开关置于"停"的位置，使用时再接通电源，重新按启动步骤操作。

225. 电蚊拍和杀虫剂可以同时使用吗

两者不可以同时使用，会引发爆炸。这是因为杀虫剂大都含有除虫菊酯和助推剂。而这些都属于可燃物，遇到明火容易引起爆炸和燃烧。不同品牌的电蚊拍，会有单层金属网、双层金属网和三层金属网。但无论有几层金属网，其内部电路原理基本一样，通电以后，金属网瞬间就会产生高达3000伏的电压，在直流高压状态下，会产生一定强度的火花。当电蚊拍和杀虫剂一起使用时，很容易着火。如果在一个密闭的空间内，喷完杀虫剂，再使用电蚊拍，甚至可能引发爆炸。不仅是杀虫剂、花露水、清洁剂等都含有易燃物质，在遭遇电蚊拍时，都容易产生电火花，引发安全事故。特别提醒，劣质的电蚊拍即使关闭电源开关仍有余电，千万不要以为关闭了电蚊拍的电源，就可以使用杀虫剂。

226. 感烟探测器可以随意遮挡吗

感烟探测器不能被遮挡。感烟探测器是防止火灾最重要的手段之一，它的作用是探测烟雾、发现火情、及时报警。感烟探测器的灵敏度应根据地理位置与应用的环境来设置，才能达到应有的效果。

227. 如何正确燃放烟花爆竹

（1）要选购质量合格、上乘的烟花爆竹。选购烟花爆竹的时候，应到公安、质检等部门认定产品合格的商店购买。合格烟花爆竹外观、包装都较正规、美观，而伪劣违禁烟花爆竹一般都是无生产厂家、无燃放说明、无合格证的"三无"产品，外观也比较粗糙。合格烟花爆竹的数码防伪标贴是质量技术中心采用最新防伪技术研制而成的，使用简单明了，不易被仿冒。在合法渠道销售的烟花爆竹，每个都贴有数码防伪标贴，可以查验。

（2）要按照规定在指定的区域内安全燃放。不得在规定禁止燃放烟花爆竹的时间、区域和场所燃放。一般都禁止在文物保护单位，车站、码头飞机场等交通枢纽以及铁路线路安全保护区内燃放。以下场所均禁止燃放烟花爆竹：易燃易爆危险品生产、储存单位内；输变电设施安全保护区内；医疗机构、幼儿园、中小学校、敬老院；山林、草原等重点防火区200米内；城镇大街的人行道和自行车道上以及县级以上地方人民政府规定的禁止燃放烟花爆竹的其他地点。此外，烟花爆竹不宜在自家的楼顶阳台及室内燃放，五级以上大风时不要燃放。

（3）要注意燃放方式的安全，切不可危及他人人身和财产安全。烟花爆竹的燃放方式应当按照燃放说明进行，不得以危害公共安全和人身、财产安全的方式燃放。不得向他人、车辆、建筑物以及容易引起着火、爆炸的物品和区域投掷燃放的烟花爆竹。

（4）不得燃放麻雷、震天雷、闪光雷、钻天猴、二踢脚等国家禁止生产的，容易伤人和容易引起火灾的烟花爆竹。影响社会治安秩序、危及人身安全、容易造成财产损失的燃放烟花爆竹的方式都不得采用。

（5）科学、正确、安全地燃放。除个别手持安全喷火烟花，其他品种的烟花爆竹一律禁止手持燃放。燃放烟花爆竹时，脸不要贴得太近。操作要敏捷、准确，点燃引线后，人身要迅速离开，并保持一定距离，避免发生意外。同时，要注意手、眼及面部的防护。燃放要一种一种地进行，不得同时点燃好几种。燃放点不要太近，相互之间要有一定的安全间隔；观看者应该远离燃放地点，以避免不必要的伤害。烟花爆竹点燃后，要有耐心，静静地等引线烧完，不要在"关键时刻"忍不住去看个究竟。发现烟花爆竹不响时，不要急于上前查看，最好等待一段时间再去查看，以免发生意外被炸伤。不要去捡刚刚落地还未炸响的爆竹，以防碰上"迟捻"而被炸伤。

（6）儿童不得单独燃放，要在大人的监护指导下进行；同时，大人要教育孩子在燃放时千万不要互相投掷、嬉闹或装在玻璃瓶中燃放，以防伤人。燃放完毕，要检查现场是否遗留火灾隐患等，在确认没有隐患后才能离开。

❀ ❀ ❀ ❀ ❀ ❀ ❀ ❀ ❀ ❀ ❀ ❀ ❀ ❀ ❀

2019年11月4日，四川省南充市某县人民法院审理了一起案件。被告人李某燃放烟花爆竹，将旁边铁质保温杯炸裂后，铁皮飞溅至一名5岁男童脖颈处致男童亡。最终，李某因过失致人死亡罪被判处有期徒刑一年六个月，缓刑一年六个月。

2019年2月10日（正月初六）上午，被告人王某驾驶货运汽车及其妻驾驶小型轿车到保定市某区某停车场去牵引货车的挂车，挂好后将货车开到附近一个纸垛的西侧。按照当地习俗，在正月里出门前都得放炮敬车，于是王某围绕大板车烧香、燃放烟花爆竹，致使附近375.52吨旧纸板被点燃，造成火灾，经鉴定，纸板损失75万余元。经法院审理，被告人王某由于燃放烟花爆竹引发火灾，造成直接损失75万余元，其行为侵犯了公共安全和他人财产权利，已构成失火罪，判处有期徒刑一年三个月。被告人王某一次性赔偿附带民事诉讼原告人赵某经济损失人民币75万余元。

228. 手机充完电一定要拔充电器吗

手机充完电应拔掉充电器。充电器不拔会消耗一定的电流，长期放在插线板上，充电器也会持续发热，加速器材老化，容易产生短路，从而引发火灾隐患。

2023年12月27日，某街道一民房起火。当地消防部门接警后立即前往扑救，经过十多分钟的处置，现场火势被彻底扑灭，无人员被困。据户主介绍，卧室内没有火源，但是床头插座上一直插着手机充电器。经消防部门现场核查，判断起火原因为充电器短路起火引燃床上的被褥。

229. 导致充电宝爆炸的原因

（1）充电宝质量问题。使用劣质电芯和电路板等不达标零件导致充电宝爆炸风险提高。

（2）充电宝使用不当。随手乱放，受潮、挤压碰撞、高温、散热不足、过充、频繁使用等不当的操作增加了充电宝爆炸的概率。

> 2023 年 11 月 11 日，一列车运行在深圳北至潮汕途中，一名旅客包内充电宝突发自燃，出现烟雾触发火警。列车工作人员立即疏散车厢旅客，并使用灭火器及时将明火扑灭，所幸事件并未造成人员伤亡。
>
> 2023 年 5 月 29 日，北京地铁 7 号线一节车厢内，一名乘客携带的充电宝突然发生爆燃，大量浓烟瞬间充斥了整个车厢，所幸工作人员处置及时，未造成人员伤亡。

230. 导致防晒喷雾爆炸的原因

市面上的防晒喷雾成分里面都含有变性乙醇、丁烷、异丁烷等可燃物，遇到火就会燃烧。同时，防晒喷雾罐体受到高温或碰撞，液体加快汽化，压力会急剧升高，超过罐体耐压度时就会爆炸。

231. 电动车如何"避火"

（1）合理控制充电时间。根据常规的电瓶容量大小，一般在 8 ~ 10 小时内可完成充电。

（2）勿在住宅内充电。室内易燃物品较多，一旦起火容易酿成火灾事故。

（3）勿飞线充电。飞线充电在天气突变等情况下容易酿成火灾。

（4）勿将电动车停放在楼道。若电动车在楼道内起火，逃生通道也常常随之被堵塞。

（5）充电环境需通风。最佳的充电环境温度是 25 摄氏度，充电的时候，最好把电池盒充电器放在可以通风或调温的环境里，避免车辆存放时遇到暴晒、淋雨等。

（6）远离易燃易爆物品。电动车在充电时，要仔细检查附近是否堆放了易燃易爆物品，以防电动车在起火时引燃附近的物品，造成更大的火灾。

（7）不要盲目改装电动车。一辆电动车正常使用寿命为 3 到 4 年，如果超期使用，电气线路和电瓶会出现老化、短路等情况，如果再加装音响、照明或者加装电瓶，很容易造成线路超负荷，引发火灾。

（8）加强日常自查自控。在平时日常生活中，应该加强对电动车的电线、电路等方面的检查，防止接触不良引起接触点打火，避免因线路老化、磨损引发短路、串电等。

232. 电动车起火的主要原因

（1）部分电动车电池老旧，没有及时进行电池更新换代，极易引发火灾。

（2）部分店铺私自改动车内电气线路，更换更大容量电池，造成电线超负荷或短路，引发火灾。

（3）由于不规范充电引发火灾。部分电动车车主为了方便，会选择私拉电线或者将电动车推至室内充电，这样操作不仅容易引发火灾，而且会堵塞逃生路口，引发灾难。

（4）充电器和原厂电池不匹配，容易引发故障。

（5）电动车加装围栏、坐垫等装备，都是极易燃烧的材料，这些配置会加速燃烧速度并且产生有毒气体，引发火灾。

233. 锂电池起火后为何常会发生爆炸且扑救难度较大

气体逸出是锂离子电池失控的主要表现之一。锂离子电池起火，会急速喷出大量的白色烟雾，其主要成分为锂电池电解液的蒸汽或分解产物。在起火初期，烟雾颜色差异是区分锂电池起火和常见火灾最明显的特征之一。

锂离子电池热失控后，分解出的可燃气体与空气混合形成爆炸性混合气体，遇锂电池喷射出的高温颗粒，在局部空间会发生爆燃，导致起火初期经常伴有爆炸声响，扑救难度较大。

234. 夏季为什么不宜给汽车加油过满

（1）夏季高温容易导致汽油挥发加快，加满油会增加汽油的浪费，并对人体造成危害。

（2）油箱过满可能会堵塞油箱的通气孔，导致油箱内部产生负压强，影响油箱的正常工作。

（3）汽油过满还可能对碳罐造成损害，因为过多的汽油会直接流入碳罐，破坏其吸收蒸汽的功能。

（4）夏季炎热的中午时段加油过满，由于热胀冷缩效应，汽油容易从透气孔溢出，引发自燃等安全隐患。

235. 私家车上适合配备哪种灭火器

车载灭火器主要分为以下大类。

（1）干粉灭火器。干粉灭火器是最常见的车载灭火器。它可以用于扑灭多种类型的火灾，包括电器火灾、可燃物火灾和液体火灾。干粉灭火器适用于不同尺寸的车辆，并且具有良好的灭火效果。

（2）二氧化碳灭火器。二氧化碳灭火器适用于电气设备火灾，因为它不会对电气设备造成损害。它通过排出二氧化碳来扑灭火源，不会留下残留物，对人体也相对无害。

（3）泡沫灭火器。泡沫灭火器适用于可燃液体火灾，如汽油、柴油等。它的泡沫可以覆盖火源并隔离氧气，从而扑灭火焰。泡沫灭火器使用方便且效果较好，但需要注意不要在电器火灾上使用，以免造成电击风险。

（4）水基灭火器。水基灭火器适用于一般的可燃物火灾，如木材、纸张等。它们常被用于消防器材上，因为水是最常见和廉价的灭火工具。

在选择车载灭火器时，车主应根据自己的车型、使用场合和实际情况来判断。一般来说，水基灭火器由于环保、易操作、易存储等特点，被认为是最适合车载的灭火器。

236. 家庭适宜配置哪种类型的灭火器

现在的灭火器分为干粉灭火器、水基灭火器（水基型灭火器包括水型灭火器和泡沫灭火器。）、二氧化碳灭火器和洁净气体灭火器四类，再加上新近推出的 F 类灭火器。在这几类灭火器中，最适合家庭使用的是干粉灭火器（尤其是 ABC 干粉灭火器）、水基型灭火器和 F 类灭火器。其他两类适合单位使用。

237. 如何快速掌握灭火器的使用方法

灭火器种类很多，在使用前要仔细阅读灭火器的说明书，看它适用于哪种类型的火灾及相关的注意事项。灭火器的使用方法大同小异，概括起来就是"一拔、二拿、三压"，即拔掉保险销，拿起喷管对准火源，站到上风或侧上风的方向，用力压出灭火剂灭火。使用灭火器要根据火灾类型选用适用的灭火器，否则会适得其反。

一般灭火器都标有灭火类型和灭火等级的标牌。例如 A、B 等，使用者一看就能立即识别该灭火器适用于扑救哪一类火灾。泡沫灭火器一般能扑救 A、B 类火灾，当电器发生火灾，电源被切断后，也可使用泡沫灭火器进行扑救。清水灭火器适用于 A 类的小型火情。干粉灭火器适用于扑救 B、C 类火灾；二氧化碳灭火器适用扑救 B、C 类火灾。卤代烷（1211）灭火器主要用于扑救易燃液体、电器设备和精密仪器以及机房的火灾。这种灭火器内装的灭火剂没有腐蚀性，灭火后不留痕迹，效果也较好。

　　一般手提式灭火器其内装药剂的喷射灭火时间在一分钟之内，实际有效灭火时间仅有 10 至 20 秒钟，因此在平时必须要按使用说明正确掌握使用方法，否则起火时无法使用，贻误了灭火时机。

238. 日常如何维护和管理灭火器

　　（1）灭火器应放置在明显、取用方便的地方，不可放在采暖或加热设备附近和强烈阳光照射的地方，存放温度不超过 55 摄氏度。

　　（2）使用单位必须加强对灭火器的日常管理和维护。要建立灭火器维护管理档案，登记类型、配置数量、设置部位和维护管理的责任人；明确维护管理责任人的职责。

　　（3）使用单位应当至少每 12 个月自行组织或委托维修单位对所有灭火器进行一次功能性检查，主要的检查内容是灭火器筒体是否有锈蚀、变形现象；铭牌是否完整、清晰；喷嘴是否有变形、开裂损伤；喷射软管是否畅通、是否有变形和损伤；灭火器压力表的外表面是否变形、损伤，指针是否指在绿区；灭火器压把、阀体等金属件是否有严重损伤、变形、锈蚀等影响使用的缺陷；灭火器的橡胶、塑料件是否变形、变色、老化或断裂；在相同批次的灭火器中抽取一具灭火器进行灭火性能测试。灭火器经功能性检查发现存在问题的必须委托有维修资质的维修单位进行维修，更换已损件、筒体进行水压试验，重新充装灭火剂和驱动气体。维修单位必须严格落实灭火器报废制度。

239. 防烟面罩的正确使用方法

（1）开：打开包装袋；

（2）拔：拔出内外罐塞；

（3）套：套在头上，视窗向前；

（4）拉：拉紧保护绳。

240. 麦收时节防火应注意哪些方面

（1）严禁在麦田吸烟。不在成熟的麦地或打麦场里吸烟，严禁焚烧麦茬和秸秆。

（2）做好防火措施。进入田间进行收割运输作业的联合收割机和拖拉机应佩戴防火罩和灭火器。

（3）保证机械用电安全。严禁电动机械使用裸露电线、挂钩线，临时架设的电线也要固定牢靠，防止落地伤人，发生火灾。

（4）配备灭火器材。因地制宜准备必要的水缸、水桶、铁锹、扫帚等灭火器材，充分利用喷灌机械在麦收期间的防火作用。

（5）严禁明火。收获后的麦秸不能随意丢弃，严禁堆放在道路上或者两侧。

（6）学会扑救初起火灾。一旦发生火灾，一定要在扑救的同时，开辟可燃物之间的隔离带，并对邻近的可燃物进行喷淋，防止飞火酿成大灾，并及时报警。

241. 使用木材烤火时的注意事项

（1）选择干燥的木材。烤火时，应选择干燥的木材，因为湿木材会产生大量的烟雾和有害气体，对健康有害。

（2）避免使用有害物质。不要使用涂有颜料、油漆或其他有害物质的木材烤火，以免产生有毒气体。

（3）远离易燃物品。烤火时要确保周围没有易燃物品，如纸张、布料等，以免引发火灾。

（4）设置合适的烤火区域。应该在宽敞的地方设置烤火区域，远离建筑物和树木，以确保安全。

（5）控制火势。烤火时要控制好火势，避免火势过大或失控。可以使用篝火坑或砖石围栏等设施来控制火势。

（6）监测风向。在烤火时要时刻监测风向，避免烟雾吹向居民区或其他人群，造成不适或健康问题。

（7）确保灭火。在离开烤火地点之前，要确保火源已完全熄灭，以避免火灾的发生。

（8）注意个人安全。在烤火时要注意个人安全，避免站在火源附近过久，以防烧烫伤或其他事故发生。

242. 家庭装修在防火方面有哪些注意事项

（1）要选择防火性能好的装修材料。家庭在装潢过程中，不仅要考虑到实用性、美观性，更要考虑到安全性，避免采用在燃烧过程中产生大量浓烟或有毒气体的可燃材料，以最大限度地减少火灾荷载。有的大量使用易燃性材料，有的大量采用一些木结构和木饰面的装潢材料，却不采取防火措施，这样就给住宅种下了祸根。因此，要尽量选用不燃或难燃材料进行装饰，尤其要选用燃烧产物、热分解产物毒性少，发烟量少的材料。在不得不使用易燃材料时，最好能涂饰防火涂料；同时，要提高警惕，防止使用假冒伪劣的涂料和墙纸，以避免有毒有害的涂料和墙纸带来危害。

（2）要慎重改动燃气管道和房屋用途。多数家庭在进行室内装潢时，水、电、气已通。在装修过程中，不要擅自改动燃气管道，如需改动，一定要按有关规定要求，请专业人员进行安装。注意燃气管道不能埋入墙内，移接燃气表必须由专业人员操作。同时，在燃气管道附近进行施工时，还要特别小心，不要损坏管线、阀门开关，以避免燃气泄漏而发生火灾或爆炸事故。将厨房改成卧室，这种做法也极其危险，因为一旦燃气泄漏，引发火灾后果将不堪设想。将外阳台改成厨房或卧室，此举同样不可取，因为外阳台楼板的承重力一般不大，而外阳台改成厨房或卧室后会使阳台楼板受力增大，很可能会导致楼板断裂脱落。同时因为厨房设备的危险性，加大了火灾风险。

（3）要谨防电气线路故障。在家庭装修过程中，最重要的是电气线路的敷设。在进行电气线路敷设时，一定要找持有上岗证的正规电工进行安装；在选择导线时，一定要选择质量较好的阻燃绝缘铜芯线；在吊顶或夹层内敷设电气线路时，一定要套穿绝缘金属管或套穿氧指数不低于 35 的阻燃硬质塑料，且不可有接头。另外，还要注意家电的安装位置，大功率家电使用的插座和照明灯具的高温部位，应远离可燃材料，或采取隔热、散热等保护措施，以防发生火灾。一定要注意电气设备和线路设计、安装要符合消防安全要求。穿过墙体或沿墙体敷设的电气线路，应当从硬质塑料管中穿过，导线的截面积应当符合日常最大用电负荷的要求。

（4）要选择正确的施工方法。一方面，对线路的敷设、黏结剂的使用，各种坚固件的尺寸都要严格按照技术规范的要求进行设计和施工；另一方面，在装修时要考虑到线路的检查、绝缘层破损后的修理及超龄电线的更换等问题，以便在意外情况发生时，能够及时消除隐患。

（5）要注意安装防盗网、防盗门时切不可阻碍了安全疏散通道。为了防盗，很多住户都安装了防盗门和铁栅栏，在窗户和阳台上安装了防盗网，这对于防盗无疑是一种有效的安全措施，但对于防火及安全疏散就成了"鬼门关"。因此，安装防盗网时应设有活络挡。

243. 烧伤烫伤最有效的应急方法是什么

火灾现场的自救是保护自己、减少伤害的重要措施。烧伤后不要惊慌，尽力保持镇静，衣服起火时应立即脱去或就地卧倒，慢慢翻身滚动借以压灭火焰或利用手边的棉被、大衣等厚的布类覆盖起火处，以隔绝空气而灭火。

一旦发生烧（烫）伤，最简单而有效的急救处理是冷疗，即用凉水冲洗或将烧伤处放入凉水中 10 至 20 分钟，可使烧伤程度减轻并减少疼痛感。若烧伤部位出现水泡，可在低位刺破，使其引流排空，切忌把皮剪掉，以免造成感染。可用无菌的或洁净的三角巾、纱布、床单等布类包扎创面，避免继续受到污染。创面忌自行涂以酱油、大酱、牙膏、外用药膏、红药水、紫药水等物。出现烧伤应尽快到医院处理。

热液烧伤或开水烫伤，应尽快脱去（或剪去）被热液浸渍的衣服。烧伤部位要立即用冷水喷洒或浸泡于冷水中，如热塑料液黏附体表，用冷水或冷的湿毛巾使局部快速降温。热金属附着伤面时，切不可向伤员身上泼水。凝固汽油烧伤，去除脏污的衣服后，伤面要用湿布密封覆盖，也可跳入水中。用手扑打，不但不能灭火，反而会扩大烧伤范围造成手部深度烧伤。若为生石灰烧伤，在迅速清除石灰后，应用大量流动的洁净冷水冲洗 10 分钟以上，尤其眼内烧伤，更应彻底冲洗。

凡眼部烧伤，严禁用手或手帕等揉擦，如为生石灰、强酸、强碱等烧伤，首先应立即用大量流动清水彻底冲洗。伤员如有口渴，应给予含盐饮料。严重烧伤者应迅速向急救中心呼救，送往医院治疗。

244. 电热毯你真的用对了吗

电热毯给人们冬天取暖带来了极大的方便，但稍有不慎，尤其是老年人睡觉时喜欢一直开着电热毯，极易引发火灾事故。在冬季火灾中，电热毯引发的火灾占到了很大比例。一般情况下，通电时间过长、电热元件受损、电热毯质量不合格、电热毯控温装置发生故障、电热毯受潮等原因都会导致电热毯发生火灾。安全使用电热毯，应注意以下几点。

（1）使用前应认真检查。检查电热毯的电线、导线及热点是否损坏。如有破损，切不可随意拆修，要请专业人员修理。

（2）电热毯必须平铺使用。电热毯应铺在床单或很薄的垫子下面，切不可折叠使用。要保持良好的散热条件。不要在电热毯上铺过厚的覆盖物，如毛毯、棉被等。

（3）通电时间要适宜。使用电热毯时，尤其是普通型产品，人不可远离并注意有无异常情况，达到合适温度即切断电源。临时停电后，应断开电路，以防来电时无人看管而造成火灾。电热毯每次使用时间不宜过长，应在入睡前一小时左右加热，入睡前关掉电源，不要通宵使用。

（4）谨防电热毯内部元件损坏。不能让小孩在铺电热毯的床上蹦跳，以防电热丝折断。婴儿及生活不能自理的老人或病人使用时，要经常检查电热毯的温度和湿度。

（5）电热毯的使用寿命是六年，所以不管什么品牌的电热毯，超过六年后就不要再使用了。

（6）注意避免将大头针、缝衣针等尖锐金属物插入电热毯，以免引起电热毯短路或人身触电。

（7）电热毯怕尿，因为尿不仅会破坏电热毯的绝缘性能，而且干后浓缩成的磁性物质，会腐蚀内部电热丝，缩短其使用寿命。如果电热毯被水或尿弄湿了，不要通电烘干或用火烤。最好取下外胆和褥芯，分别在阳光下晾晒。一般不要经常移动折叠电热毯，特别是不要固定折叠位置以防折叠处日久磨损造成短路或漏电。

（8）电热毯脏了，只能用刷子刷洗，不能用手揉搓，以防电热线折断。

245. 热得快烧水怎么用才安全

（1）先要保证热得快（至少手持部分）应该是干燥的，否则使用时非常危险。

（2）桶里面装的水应该适量，至少要淹没热得快的加热部分（加热螺圈）。如果热得快的加热螺圈没有完全放入水里面通电，这不仅会影响热得快本身的性能，还可能使桶燃烧。

（3）等水烧好之后拔电，但是不要把热得快马上从水面拿出来，也不要马上放到冷水里面继续加热，先放在热水里面，等5分钟之后拿出来。

（4）使用完之后，晾干，收好。避免生锈，否则会减短热得快的使用寿命。

246. 你注意过小区内的消防车道吗

消防通道是指在火灾等危急情况下，供人员进行疏散逃生和便于消防队员展开灭火救援行动的通道。如小区内设置的宽度大于 4 米的消防车道，住宅内部的疏散楼梯、楼梯间以及通往楼梯间的疏散走道和安全出口等，都属于消防通道。消防通道不允许挪作他用，也不允许设置影响疏散人群的障碍物，更不允许挤占消防通道。在消防通道上放置车辆的行为属于堵塞消防通道。消防通道是生命通道，它是迅速扑救火灾、抢救人民群众生命财产、减少火灾损失的重要前提，不能随便占用，必须时刻保持畅通。如果消防通道被占，将给个人生命财产带来重大隐患。

247. 家庭起火的因素

（1）爆炸引起的火灾。如某些受压容器、电气设备爆炸，往往造成重特大火灾和人身伤亡事故。

（2）用火设备不良。如炉灶、火墙、火坑、烟囱等不符合防火要求，靠近可燃物或因年久失修、裂缝漏火极易引起可燃物起火。

（3）用火不慎。麻痹大意、消防安全意识淡薄，极易引发火灾，例如使用炉火不慎；在床上吸烟；乱丢未熄灭的火柴、烟头而引发火灾。

（4）小孩玩火。如玩火柴、打火机，吸烟、烧纸、在易燃物附近放鞭炮，不仅容易引起火灾，还容易造成伤亡事故。

（5）自燃起火。浸油的棉织物，新割的稻草和谷草，潮湿的锯末、刨花、豆饼、棉籽、煤堆等如通风不良，积热散发不出去，易自燃起火。

（6）电器设备安装、使用违反安全管理规定。如电气设备及其安装不符合规格、绝缘不良、超负荷，可能发生电线短路。如在电灯泡上罩纸或其他可燃物、乱接乱拉电线、忘记拉掉电闸或关闭电视机等家用电器等，都容易造成火灾。

❋ ❋ ❋ ❋ ❋ ❋ ❋ ❋ ❋ ❋ ❋ ❋ ❋

2022 年 11 月 24 日，某市一高层住宅发生火灾，事故造成 10 人死亡、9 人受伤。经现场调查和当事人陈述，确定火灾因家庭卧室插线板着火引发。

❋ ❋ ❋ ❋ ❋ ❋ ❋ ❋ ❋ ❋ ❋ ❋ ❋

248. 火场被困是否可以直接开门逃生

发现火情不能盲目打开门窗逃生，否则有可能引火入室。火灾发生时，常会产生对人体有毒有害的气体，所以要预防烟毒，应尽量选择上风处停留或以湿的毛巾或口罩保护口、鼻及眼睛，避免有毒有害烟气侵害。

开门之时，先用手背碰一下门把。如果门把烫手，或门缝有烟冒进来，切勿开门。用手背先碰是因金属门把传热比门框快，手背一感到热就会马上缩开。

若门把不烫手，则可打开一道缝以观察可否出去。用脚抵住门下方防止热气流把门冲开。如门外起火，开门会鼓起阵风，助长火势，打开门窗则形同用扇扇火，应尽可能把全部门窗关上。

弯腰前行，浓烟从上往下扩散，在距地面 0.9 米左右，浓烟稀薄，呼吸较容易，视野也较清晰。如果出口堵塞了，则要试看打开窗或走到阳台上，走出阳台时应随手关好阳台门。

249. 火场等待救援的注意事项

（1）树立信心，保持镇静。信心就是战胜困难的保证，当自己的生命受到威胁时，千万不能产生畏怯情绪，要树立起战胜火魔的信心与决心，保持镇静，这样才能使自己的头脑清晰，思维敏捷，判断准确。信心和镇静是火场逃生时必不可少的先决条件。

（2）严密防护，待机营救。如何变被动为主动，延缓时间，保护自己，等待营救，不能一概而论，要根据情况而定。在建筑物火灾中，在疏散通道被大火封死的情况之下，要选择安全的房间（如洗手间、卫生间、厨房以及阳台等）把门窗关好，堵塞门窗空隙，不间断地用水将门窗浇湿，避免烟火窜入，以延长保护的时间。同时要向火场周围发出呼救，可以敲击金属物品，大声呼喊，在夜间时，还可用手电筒的亮光向窗外发出信号，以引起救援人员的注意，以便及时被发现和营救。

250. 家庭中需要配备的消防器材有哪些

居家生活，消防安全关系重大。关注消防安全，提高警惕，是一个家庭幸福长久的保障。所以，在安全上投入是最应当也最值得的。那么，一般家庭中应当配备一些什么样的消防器材呢？

（1）手提式灭火器。宜选用手提式 ABC 类干粉灭火器，配置在便于取用的地方，用于扑救家庭初起火灾。注意防止被水浸渍和受潮生锈。

（2）灭火毯。灭火毯是由玻璃纤维等材料经过特殊处理编织而成的织物，能起到隔离热源及火焰的作用，可用于扑灭油锅火或者披覆在身上逃生。

（3）消防过滤式自救呼吸器。消防过滤式自救呼吸器是防止火场有毒气体侵入呼吸道的个人防护用品，由防护头罩、过滤装置和面罩组成，可用于火场浓烟环境下的逃生自救。

（4）救生缓降器。救生缓降器是供人员随绳索靠重力从高处缓慢下降的紧急逃生装置，主要由绳索、安全带、安全钩、绳索卷盘等组成，可重复使用。

（5）带声光报警功能的强光手电。带声光报警功能的强光手电具有火灾应急照明和紧急呼救功能，可用于火场浓烟以及黑暗环境下人员疏散照明和发出声光呼救信号。

每一个家庭可以根据家庭成员数量、建筑安全疏散条件等状况适量选购上述或者其他消防器材，并仔细阅读使用说明，熟练掌握使用方法。

251. 如何制定家庭逃生预案

（1）头脑里要有一张清单，明白家里一切可能逃生的出口，例如门、窗、天窗、阳台等，应该想到每间卧室至少有两个出口，即除了门，窗户也能作为紧急出口使用。知道逃生路线，就可以在主要通道被堵时，走其他路线求生。

（2）平时要让家庭成员尤其是儿童了解门锁结构和怎样开窗户。要让儿童知道，在危急关头，可以用椅子或其他坚硬的东西砸碎窗户的玻璃。另外，门窗应该安装成容易开关的。

（3）可以绘一张住宅平面图，用特殊标志标明所有的门窗，标明每一条逃生路线，注明每一条路线上可能遇到的障碍，画出住宅的外部特征，标明逃生后家庭成员的集合地点。要把住宅平面图和逃生规则贴在家中显眼的地方，所有家庭成员都能经常看到，同时，要至少半年进行一次家庭消防演习。

（4）让家庭成员牢记下列逃生规则。一是睡觉时把卧室门关好，这样可以抵御热浪和浓烟的侵入。假如必须从一个房间跑到另外一个房间方能逃生，到另一房间后应随手关门。二是在开门之前先摸一下门，如果门已发热或者有烟从门缝进来切不可开门，应准备第二条逃生路线。假如门不热，也只能慢慢打开少许迅速通过，并随手关门。三是假如出口通道被浓烟堵住，没有其他路线可走，可贴近地面，匍匐前进通过浓烟区。四是不要为穿衣服和取贵重物品而浪费时间。五是一旦到达家庭集合地点，要马上清点人数。同时，不要让任何人重返屋内，寻找和救人工作最好由专业消防人员去做。

252. 定期开展家庭应急逃生演练的必要性

家庭安全是每个家庭成员永恒的关注点。然而，在日常生活中，我们时常会忽视应对紧急情况的准备工作。灾难无法预测，但我们可以通过家庭应急逃生演练来增加处理紧急情况时的自信和应变能力。

（1）家庭应急逃生演练可以提高家庭成员的自救能力。不论是火灾、地震、洪水还是其他突发事件，家庭成员可以通过应急逃生演练了解合理的逃生路径和地点。演练可以帮助人们熟悉紧急情况下的行动方案，并增强逃生的快速反应能力。例如，当发生火灾时，家庭成员应该迅速判断火源位置，用湿毛巾捂住口鼻，沿着预设的逃生路线迅速撤离，并在安全的地方等候救援。在逃生演练中重复这些步骤，可以使家庭成员形成应对紧急情况的条件反射。

（2）家庭应急逃生演练有助于增强家庭成员之间的合作意识。紧急情况下，团队合作和相互帮助是生死攸关的。合理分工和协作可以使逃生过程更加顺利。演练时，家庭成员可以模拟真实情况，学会如何相互合作，怎样帮助弱势群体如小孩、老人和伤员等。通过共同演练，家庭成员之间的信任和默契可以得到提高，增强紧急情况下的应对能力。

（3）家庭应急逃生演练还有助于识别家庭在安全措施上的薄弱环节。演练中发现的问题可以及时修复或加强。例如，逃生演练中发现一些门窗打不开或被卡住，可以在日常生活中进行必要的修理或更换。另外，演练还可以检验是否有足够的灭火器、急救箱等安全设备以及其位置是否合理。这样的修补和改进将提高家庭的整体安全水平。

（4）值得注意的是，家庭应急逃生演练应该根据家庭成员的特点和实际情况进行。针对儿童、老人和残障人群，逃生计划需要有特殊照顾和安排。

253. 下雨天如何预防火灾

（1）检查家中电器及线路

对家中电器、线路进行一次大检查，对电气线路和电气设备进行检修，及时更换损坏或老化的电线和电器，避免出现故障。家中电器使用完毕后应及时切断电源，各种家电最好每天都开启一段时间，利用电器通电后产生的热量对电器内部进行除湿。

（2）插座要插实

插线板上的插座一定要插实，如果插得不紧，即会给电弧产生创造条件。同时，高负荷用电、私搭乱接电线等也易引发火灾。

（3）电线需做防护措施

对容易被雨水浸泡的电线，应采取迁移或架空等防护措施，在潮湿、高温、腐蚀场所内，应使用套管布线。

（4）电器、电线起火时及时切断电源

家里的电线、电器起火时，要第一时间切断电源，并拨打 119 报警。家中配有灭火器的住户，在安全的前提下可先自行扑救，防止火势蔓延。

（5）雨天充电要小心

雨天电动自行车充电应格外小心，避免电气线路入水受潮引发短路造成起火。

❋❋❋❋❋❋❋❋❋❋❋❋❋❋❋❋❋❋

2022 年 2 月 21 日 8 时许，广东中山市某镇东一板房内突发起火，冒出滚滚浓烟，现场烧毁空调一台。经调查，起火原因为下雨天气板房房顶漏水滴到插座引起线路短路，导致火灾蔓延。

2021 年 5 月 14 日 8 时，湖北省恩施市某居委会附近，一民房二楼着火。经现场调查发现，火灾发生当天，恩施市出现强对流天气，线路老化引起电表跳闸，导致火灾发生。

2020 年 7 月 9 日，北京通州区某小区 6 号楼发生火灾。经调查，起火的是一辆电动自行车，过火面积 2 平方米，无人员伤亡。起火原因系雨天电气线路故障。

❋❋❋❋❋❋❋❋❋❋❋❋❋❋❋❋❋❋

254. 公共场所进行消防安全教育培训的内容有哪些

公共场所消防安全教育是为了提高民众的消防安全意识和自救能力，从而减少火灾事故发生和减轻人员伤亡。

（1）公共场所消防安全教育要注重培养民众的火灾预防意识。在公共场所中火灾可能因各种原因发生，如电器故障、明火不慎等。因此，教育活动应围绕强调日常用电安全、禁止乱扔烟蒂、防止明火等方面，使人们始终保持警惕。

（2）公共场所消防安全教育要倡导正确的火灾应急处置方式。火灾突发时正确的自救和求救方法是保证人员生命安全的关键。教育活动应宣传众多的火灾逃生技巧，如警铃响起时要保持冷静、沉着地寻找逃生路线逃生；在无法逃生时，要迅速寻找避难点，并保持通风；在火势无法扑灭时，要及时拨打火警电话求助等。只有掌握正确的应急处置方式，才能最大限度地减少伤亡和财产损失。

（3）公共场所消防安全教育还应加强对消防设施的认识和正确使用。消防设施是公共场所火灾防范的重要措施之一。通过教育活动，应让人们了解消防器材的种类、位置和使用方法。例如，灭火器应置于易燃物附近，而掌握正确使用方法则能更加有效地扑灭火灾。此外，应当加强对报警器的宣传，让人们明确如何正确地启动火警报警设备。

（4）公共场所消防安全教育应全面加强对监督和检查的重视。消防安全不是一次性工作，需要持续的关注和努力。教育活动不仅要教导消防知识，还应当强调对公共场所的监督和检查。通过建立相关的制度和机制，如定期组织消防演练、加强巡查检查等，提高公共场所管理者的责任感和对消防工作的重视程度。

255. 公共场所的消防安全要点有哪些

（1）场所设置位置、防火间距、耐火等级。公共场所不得设置在文物古建筑、博物馆、图书馆建筑内，不得毗连重要仓库或危险物品仓库。不得在居民住宅楼内改建公共娱乐场所。在公共娱乐场所的上面、下面或毗邻位置，不得布置燃油、燃气的锅炉房和油浸电力变压器室。公共娱乐场所在建设时，应与其他建筑保持一定的防火间距，一般与甲、乙类生产厂房、库房之间应留有不小于 50 米的防火间距，建筑物不宜低于二级耐火等级。

（2）防火分隔。在建筑设计时应当考虑必要的防火技术措施，例如影剧院等建筑的舞台与观众厅之间，应采用耐火极限不低于 3.5 小时的不燃体隔墙，舞台口上部与观众厅顶棚之间的隔墙，可采用耐火极限不低于 1.5 小时的不燃体，隔墙上的门应采用乙级防火门；电影放映室（包括卷片室）应用耐火极限不低于 1 小时的不燃体隔墙与其他部分隔开，观察孔和放映孔应设置阻火闸门等。

（3）在地下建筑内设置公共场所除符合有关消防技术规范的要求外，还应当符合下列规定：一是只允许设在地下一层；二是通往地面的安全出口不应少于 2 个，每个楼梯宽度应当符合有关建筑设计防火规范的规定；三是应当设置机械防烟排烟设施；四是应当设置火灾自动报警系统和自动喷水灭火系统；五是严禁使用液化石油气。

（4）疏散出口及门的要求。公共场所的安全疏散出口，应当根据人流情况合理设置，数目不应少于 2 个，且每个安全出口平均疏散人数不应超过 250 人，当容纳人数超过 2000 人时，其超过部分按每个出口平均疏散人数不超过 400 人计算。观众厅和入场门、太平门不应设置门槛，其宽度不应小于 1.4 米。紧靠门口 1.4 米以内不应设置踏步。公共场所在营业时，必须确保安全出口和走道畅通无阻，严禁将安全出口上锁、堵塞。为确保安全疏散，公共娱乐场所室外疏散小巷的宽度不应小于 3 米。为了保证灭火时的需要，超过 2000 个座位的会堂等建筑四周宜设置环形消防车道。

（5）设置应急照明、疏散指示标志。在安全出口和疏散走道上，应设置必要的应急照明和疏散指示标志，以利火灾时引导观众沿着灯光疏散指示标志顺利疏散。疏散用的应急照明，其最低照明度不应低于 0.5 勒克斯。照明供电时间不得少于 20 分钟。应急照明灯宜设在墙面或顶棚上，疏散指示标志宜设在太平门的顶部和疏散走道及其转角处距地面 1 米以下的墙面上，走道上的指示标志的间距不宜大于 20 米。

256. 电影院的消防安全注意事项

（1）观影前，应注意影院所在楼层位置、安全疏散通道情况。如果深夜观影，应问清哪个疏散通道通向室外。

（2）影院内设有消防疏散通道并装有应急照明设备，并标有"安全出口"或"紧急出口"等标志，发生火灾时，观众应按指引方向迅速撤离。

（3）发生火灾有浓烟时，可以用水打湿衣服捂住口鼻，尽量减少有毒气体吸入。

（4）电影院内严禁吸烟。电影院座椅大多是易燃材料，一旦遇到火星，燃烧速度非常快，容易导致火灾发生。

（5）疏散时，要尽量靠近承重墙或承重构件部位行走，人员不要在影院中央停留，以防坠物砸伤。

（6）如果第一时间未能撤离，应选择火势蔓延相反方向进行躲避，靠近承重墙蹲下或趴下，选择时机逃生或等待救援。

（7）烟气较大时，尽量弯腰行走或匍匐前进。

（8）疏散时要听从影院工作人员的指挥，切忌拥挤乱跑，堵塞疏散通道，影响疏散速度。

257. 交通工具发生火灾的因素有哪些

（1）乘客携带或在行李中挟带易燃、易爆及其他危险品上车。

（2）乘客和乘务人员吸烟，乱扔烟头引起火灾。烟蒂很难将墙板、地板、顶板、座椅、铺面点着，但许多辅助用品如窗帘、座套、卧铺用具、纸张等可燃物品，很容易被烟蒂点燃引起火灾。

（3）车体电器设备线路短路、过载等引起火灾。在配电室电气配电柜（盘）、发电车等至关重要的部位，乘务人员违反章制度，违章乱接电气设施，客运乘务人员将卧具单、床罩椅罩等可燃纺织品搭在电加热器上，乘务人员在打扫卫生时用水冲洗车厢地板，造成接触不良、短路等，都有可能引起火灾。

（4）客车附属设施不良、餐车人员操作失误引起的火灾等。一是客车锅炉、炉灶设备不良，造成火灾；二是采暖锅炉无水或缺水烧干锅造成火灾；三是餐车工作人员操作失误，造成火灾。

258. 医院的火灾危险性有哪些

（1）内部可燃物资多，致灾可能性大

医院住院部有大量的棉被、床垫和家具，放射科有大量的胶片，手术室、病理科、制剂室、高压氧舱、药房、药库等存有易燃危险物品，如使用管理不当，很容易造成火灾及爆炸事故。

（2）设备潜在危险性大

医院除有大量的照明、空调设备，在诊断治疗方面还配备了 X 射线机和高压氧舱等诊断医疗设备，若这些设备因质量不合格，安装操作使用不当，会造成火灾事故。特别是高压氧舱，甚至会发生爆炸造成严重后果。

（3）零星火种多，管理难度大

医院的火源较多，一是烟头、火柴、微波炉，制剂室制药用的电炉、煤气炉，病理室用的烘箱等。二是电线老化或超负荷造成绝缘破损发生短路，荧光灯镇流器以及电气设备长期发热而起火等。

2022 年 1 月 8 日，某医院发生火灾，造成 6 人死亡、8 人受伤，过火面积约 300 平方米，直接经济损失约 779.5 万元。据调查，事故的直接原因为发生火灾的建筑第三层属于违章建筑，且未经过规划审批、消防设计及消防验收备案，未办理产权手续，顶棚违规使用泡沫夹芯彩钢板搭建。此外，老年人、病人床上有大量衣物和被子，滴落的燃烧物质引燃床铺起火，且老年人、病人自主活动能力极低，无法及时自救造成人员伤亡。

259. 医院的火灾特点

（1）一旦成灾，极易造成巨大伤亡

医院是人员集中场所，一旦发生火灾，极易造成群死群伤的严重后果。

2023 年 4 月 18 日，某医院发生重大火灾事故，造成 29 人死亡、42 人受伤，直接经济损失 3831.82 万元。经事故调查组调查认定，这是一起因事发医院违法违规实施改造工程、施工安全管理不力、日常管理混乱、火灾隐患长期存在，施工单位违规作业、现场安全管理缺失，加之应急处置不力，地方党委政府和有关部门职责不落实而导致的重大生产安全责任事故。

（2）可燃物多，人员密集，给火灾扑救和救人带来很大的困难

医院内部可燃物品种多、数量大，一旦发生火灾会造成大面积燃烧。同时由于医院内部医护人员、病人及其家属多，发生火灾后人们惊慌失措，盲目疏散逃生，给救人工作带来了很大的难度。

（3）医院内部病人自救能力差，致死因素多

医院火灾具有特殊性，病人多，自救能力差，特别是有些骨折病人、动手术的病人和危重病人在输液、输氧情况下，一旦发生火灾，疏散任务重，疏散难度大。一些心脏病、高血压病人遇火灾精神紧张，有可能导致病情加重，甚至猝死。

2005 年 12 月 15 日发生特大火灾的某市中心医院，事发当日在中心医院仅住院患者就有 235 人，当时在场医护人员 72 人。而住院患者基本上都需亲属陪护，大部分病人都不能自行疏散，只能等待医护和救援人员施救。灾后总结指出，被困人员多、抢救疏散难度大、时间长是造成人员伤亡的主要原因。

260. 酒店的火灾隐患有哪些

（1）可燃物品多，火灾载荷大

目前，酒店的内部装饰材料大多采用可燃木料和塑胶制品，室内的家具、卧具、地毯以及窗帘等大部分都是可燃物质，一旦发生火灾，这些材料猛烈燃烧，迅速蔓延，同时塑胶燃烧会产生高温浓烟及有毒气体，不利于人员疏散，增加扑救难度。

（2）建筑空间大，火势蔓延快

酒店大多数是高层建筑，其建筑内楼梯井、电梯井、电缆井、管道井、污水井、垃圾井等竖井林立，如同一座座大烟囱，通风管道纵横交叉，延伸到建筑物的各个角落，一旦发生火灾，竖井产生烟囱效应，会使火焰沿着通风管道和竖井迅猛蔓延、扩大以致危及全楼。

（3）电气设施设备种类多、数量大

空调设备的安装及其他电器的配备，破坏了原有的防火间隔。另外，营业期间的各种照明设备、电梯、电子屏幕等，设置数量多，使用频率高，一旦使用不当，容易造成局部过载、线路短路等而引起火灾。住店客人使用的大量固定、移动式电气设备，如计算机、手机等；餐饮区使用的微波炉、电磁炉等，都可能产生电气火灾隐患。

（4）出入口少，疏散难度大

有些酒店出入口少而小，且旅客对内部通道不熟悉，一旦发生火灾，往往惊慌失措，方向不明，拥塞在通道上造成混乱，给疏散和施救带来极大困难。

（5）客流量大，危险因素多

进出人员复杂，客流量大，有些住客防火意识淡薄，随处可能埋下火种（如未熄灭的烟蒂、火柴等），这些都是火灾隐患。

（6）装修频繁，火灾易发率高

酒店为了吸引顾客，经常搞室内装修和设备维修，在装修过程中，常使用易燃易爆液体稀释油漆或易燃的化学物品粘贴地面或装饰墙面，这些物品会产生易燃蒸汽，如遇上明火，会马上燃烧。另外，在维修设备动用明火时，因管道传热或火星掉落在可燃物上以及缝隙、夹层、垃圾井中，也易引起火灾，且不易及时发现。

（7）厨房用火不慎，易起火灾

厨房内设有冷冻机、厨房设备等，由于雾气、水汽大，油烟积存较多，电器设备易受潮和导致绝缘层老化，造成漏电或短路起火。另外，厨房用火频繁，若可燃性气体的管道漏气，操作不当或油炸食品时不小心，都容易引起火灾。

2018 年 8 月 25 日，某温泉酒店发生火灾，造成 20 人死亡，20 多人受伤。经过现场调查询问、现场指认、视频分析及现场实验等，认定起火原因是二期温泉区二层平台靠近西墙北侧顶棚悬挂的风机盘管机组电气线路短路，形成高温电弧，引燃周围塑料绿植装饰材料，最终蔓延成灾的。

261. 洗浴场所为何火灾频发

（1）用电设备多，易引起火灾。洗浴中心作为多功能场所，不仅有空调、音响、电视、灯具等众多的用电设备，还设有汗蒸房、锅炉房等使用加热材料、燃油燃气及明火的高温设施。这些设施如使用不慎或线路老化极易引发火灾。另外，一些场所内顾客吸烟、违章使用取暖设备烘烤物品，也容易引发火灾。

（2）装修复杂，易燃材料多。洗浴场所的墙面装修、地面装修比较复杂，易燃物多，且有些洗浴场所的装修材料性能并未达到国家规范要求。洗浴场所内休息沙发、按摩床等多为易燃物。

（3）人员安全意识淡薄。洗浴中心工作人员多、工种多、员工流动性大，负责人易忽视员工的消防安全培训。

· ·

2022年4月17日12时许，山西省某公司联建楼一楼北浴区发生火灾，致4人遇难。经火灾调查认定，此事故原因为北浴区东更衣室上方LED灯电气故障，引燃下方PVC灯罩，熔融物滴落引燃更衣柜蔓延成灾。

2021年2月19日13时52分，某洗浴中心发生火灾，事故造成5人遇难、1人受伤。经调查，起火点位于该澡堂一汗蒸房内，该汗蒸房西南角一处电源线与专用发热电缆接线方式不标准，造成接触电阻过大，导致接触点发热并引燃电线绝缘层，进而将周围泡沫层等可燃物引燃。

· ·

第八章

学会逃生技巧，提升自救互救能力

262. 火灾逃生总原则

（1）树立坚定的逃生信念。行为是受思想意识支配的，要做到顺利地从火场逃生，首先必须树立坚定的逃生信念，保有强烈的逃生意识，沉着冷静求得生路。

（2）争时间，抢速度。争分夺秒，迅速撤离是自我逃生的先决条件。从火势和烟气发展规律可知，烟火的蔓延速度很快，而且烟气具有毒性，人在烟雾中停留时间过长，重者造成伤害以致死亡，轻者逃生也会受到极大妨碍。在火场上经常出现有人为个人财物等贻误逃生的案例，甚至还有人逃生后，为拿物品而返回火场的现象，这是极其危险的。

（3）逃生路线的选择要心中有数。盲目追随别人慌乱逃窜，不但会贻误顺利撤离的时间，还容易受到别人慌乱情绪的感染。应谨记紧急疏散安全路线，做到心中有数。理想的逃生路线应是路程最短、障碍最少而又能一次性抵达建筑物外地面的路线。

263. 火灾逃生过程中的常见错误

建筑发生火灾，建筑中的人应沉着冷静采取正确的逃生方法迅速撤离火场，千万不要因为突如其来的灾害而惊慌失措，更不能采取错误的逃生行为而贻误逃生时机。火场逃生中的常见错误行为有以下几种。

（1）不加判断，原路脱逃。这是人们最常见的火灾逃生模式。因为大多数建筑物内部的平面布置、道路出口一般不为人们所熟悉，一旦发生火灾时，人们总是习惯沿着进来的出入口和楼道进行逃生，当发现此路被封死或因停电、充满烟雾等原因而不能逃生时，才被迫去寻找其他出口。殊不知，此时已失去最佳逃生时间。因此，当我们进入一个新的场所时，一定要对周围的环境和出入口进行必要的了解与熟悉。多想万一，以备不测。

（2）惊慌失措，乱窜乱跳。有的人遇到突如其来的火灾不能冷静应对，寻找逃生路径，而是惊慌失措不采取任何个人防护措施地到处乱窜，以致误入死胡同或危险地带。或者为了解除心理上的孤独和恐惧，盲目地随大流和人们挤作一团导致互相践踏无法逃生。

（3）横冲直撞，烟气中毒。火灾中遇难的人，大多是先被浓烟窒息昏迷，然后被大火吞噬的。在有烟雾的场所不能直立狂跑，因为1.5米以上的空气里，含有大量一氧化碳及其他有毒烟气。应先用湿毛巾捂住口鼻，半蹲或匍匐前进，呼吸应小而浅，尽量呼吸残留地面的尚未被污染的空气，赢得宝贵的获救时间。

（4）抢救财物，贻误时机。当被困在燃烧范围还不大的楼梯间或房间时，要果断、快速淋湿全身，头顶湿麻袋或湿棉从火海中冲出，不可忙于去抢东西而贻误脱险时间，水火无情，火灾能给我们的逃生时间是很有限的。

（5）恐惧害怕，冒险跳楼。人们在开始发现火灾时，会立即作出第一反应。这时的反应大多还是比较理智的分析与判断。但是，当选择的逃生之路被大火封死无法逃生时，尤其是当火势愈来愈大、烟雾愈来愈浓时，人们就容易失去理智。此时不要盲目跳楼、跳窗等，而应另谋生路，万万不可盲目采取冒险行为。

（6）高楼火灾，乘坐电梯。高楼建筑发生火灾，很多疏散人员会不假思索地冲向电梯，但如果注意观察的话，会发现很多电梯门前都写着"万一火灾，勿乘电梯"的警示。火灾时不能乘电梯疏散原因很简单。其一，发生火灾后，往往容易断电而造成电梯"卡壳"，给救援工作增加难度；其二，电梯口直通大楼各层，火场上烟气涌入电梯井极易形成

"烟囱效应"，人在电梯里随时会被浓烟毒气熏呛而窒息；其三，普通电梯没有防火防水防高温设计，火灾时即使不断电，也很可能因电路故障而无法疏散。

总之，被火灾围困的人员或灭火人员，要抓住有利时机，就近利用一切可利用的工具、物品，想方设法迅速撤离火灾危险区。一个人的正确行为，能够带动更多人的跟随，会避免大批人员的伤亡。千万不要因抢救个人贵重物品而贻误逃生良机。这里需要强调的是，如果逃生的通道均被堵死时，在无任何安全保障的情况下，不要急于采取过激的行为，而要注意保护自己，等待救援人员。

264. 火灾现场如何正确进行安全疏散

如果初起火情扑灭有限，无法控制火情的蔓延，确认火灾已经发生应立即拨打 119 报警，同时组织内部人员参照疏散预案，迅速组织疏散。首先保证现场人员安全。一般而言，现场消防人员要紧急指挥现场非消防人员迅速撤离，尽快转移到安全地带。这不仅有利于扑救，更是减少人员伤亡的有效措施。

单位发生火灾时要由单位领导、安全保卫人员及消防救援机构共同研究，制订组织疏散方案并确定分工，如广播组、照明组、内部疏散引导组、外部疏散引导组及警戒救护组等，开始有序进行人员疏散工作，组织人员逃生。

（1）选择正确的疏散路线

一般来说，应选择最短的直通室外的通道、出口；尽量避免对面人流和交叉人流；选择烟气尚未充斥的有新鲜空气的通道出口；选择直接通往疏散楼梯间的通道出口。

根据公共场所的火灾蔓延特点及人员密集场所的人流密度情况，确定疏散方法、疏散顺序、疏散保障、疏散与引导方式以确保安全疏散。平时应定期演练，提高疏散效率。

（2）组织人员疏散

按人员的分布情况，制定在火灾等紧急情况下的安全疏散路线，并绘制平面图，用醒目的箭头标示出入口和疏散路线。路线要尽量简洁，安全出口的利用率要平均。对工作人员要明确分工，平时要进行训练，以使火灾时按疏散计划组织人流有秩序地进行疏散。

工作人员应坚守岗位，并保证安全走道、楼梯和出口畅通无阻。安全出口不得锁闭，通道不得堆放有碍安全疏散的物资。组织疏散时应进行宣传，稳定情绪，使大家能够积极配合，按指定路线尽快将在场人员疏散出去。

安全疏散时要维持好秩序，注意不要拥挤，要扶老携幼，要帮助残疾人和行动不便的人一起撤离。疏散时人员较多或能见度很差时，应安排熟悉疏散通道的人员带领大家迅速撤离火场。带领人可用绳子牵领，用"跟着我"的喊话或前后扯着衣襟的方法将人员撤至室外或安全地点。

如果发生断电事故，营业单位应立即启用平时备好的事故照明设施或使用手电筒、电池灯等照明器具，以引导疏散。

单位负责安全的管理人员在人员撤离后应清理现场，防止有人在慌乱中采取躲藏起来的办法而发生中毒或被烧死的现象，并组织单位内的医护人员，对疏散出来的伤员及时进行伤口护理，对重伤者除进行初步处理，还应立即送往医院抢救。

对于大楼外围、大楼入口处、着火层下层及进入着火楼层的通道都要进行警戒，确保灭火救援工作顺利进行。火场上脱离险境的人员，往往因某种心理原因的驱使，情绪不稳定，要安排专人照顾好情绪不稳的脱险人员，做好安抚工作，以保证他们的安全。

（3）火灾现场物资的疏散

除了引导人员疏散迅速逃生，对于火场上一些特殊的物资也需要及时疏散，如那些可能扩大火势和有爆炸危险的物资，像起火点附近的汽油、柴油油桶，充装有气体的钢瓶以及其他易燃、易爆和有毒的物品。

还有一些性质重要的、价值昂贵的物资，例如档案资料、高级仪器、珍贵文物以及经济价值大的原料、产品、设备等和一些影响灭火的物资，都需要及时疏散出去以保证扑救工作顺利高效地进行。

2023 年 4 月 25 日，某市某食品厂发生火灾，据了解，起火工厂为 4 层楼，初步勘查起火点位于 2 楼厨房。火灾导致 22 名员工被困，其中 7 死亡、8 重伤、7 轻伤。据了解，火灾发生时，有 15 名员工认为低温环境相对安全，因此第一时间躲进 4 楼冷藏库，但由于冷藏库只用塑胶布帘跟其他工作区隔开，无法阻止浓烟进入。虽然火势不大，但因厂内弥漫浓烟，且员工逃生路线错误等原因，导致伤亡扩大。

广东省清远市某餐饮服务有限公司发生火灾，造成 5 人死亡，过火面积约 300 平方米，直接经济损失约 641 万元。经调查，事故的直接原因是厨房工作台上电炸炉油锅通电后持续加热，油温过高起火，员工处置不当，引燃周边可燃物蔓延成灾。事故调查报告指出，作为起火建筑总承租方和转租方，某装饰工程有限公司未向有关部门审批报备，擅自施工改建，改变原有防火分隔和安全疏散，占用疏散出口。转租后改变了平面布置，二层、三层西南角疏散出口被占用，导致企业员工不熟悉该逃生路线，火灾发生时人员无法及时疏散。涉事餐饮服务有限公司违规采用易燃可燃材料装修，极大增加火灾荷载，楼梯扶手和楼梯地面装修材料不符合要求，起火后迅速燃烧楼梯，导致二、三层办公室人员无法使用该楼梯安全疏散逃生。

265. 火灾逃生自救的方法

火灾发生时，保存生命、迅速逃离危险是人的第一需要。火场上怎样才能迅速逃离危险区域，自救是常用的逃生方法，在实施自救行动之前，一定要强制自己保持头脑冷静，根据周围环境和各种自然条件，选择自救的方式。

（1）熟悉所处环境

了解和熟悉我们经常或临时所处建筑物的消防安全环境是十分必要的。对于我们经常工作或居住的建筑物，事先可制订较为详细的逃生计划，以及进行必要的逃生训练和演练。如确定逃生的出口，可选择门窗、阳台、室外楼梯、安全出口、楼梯等作为在火灾时逃生的通道，明确每一条逃生路线及逃生后的集合地点等。对确定的逃生出口、路线和方法，要让家庭和单位所有成员都熟知和掌握，必要时可把确定的逃生出口和路线绘制在图上，并贴在明显的位置上，以便平时大家熟悉，一旦发生火灾，按图上的逃生方法、路线和出口顺利逃出危险地区。

当我们出差、旅游住进宾馆、饭店以及外出购物走进商场或到影剧院、歌舞厅等不熟悉的环境时，应留心看一看大门、安全出口的位置以及灭火器、消火栓、报警按钮的位置，以便遇到火警时能及时逃生或进行初期火灾灭火，并在被围困的情况下及时向外面报警求救。这种对所处环境的熟悉是非常必要的，只有养成这样的好习惯，才能有备无患、处变不惊。

（2）立即离开危险地区

一旦在火场上发现或意识到自己可能被烟火围困，生命受到威胁时，要争分夺秒，设法脱险，切不可延误逃生良机。脱险时，应尽量仔细观察，判明火势情况，明确自己所处环境及危险程度，以便采取相应的逃生措施和方法。

（3）选择简便、安全的通道和疏散设施

逃生路线的选择，应根据火势情况，优先选择最简便、最安全的通道和疏散设施。如楼房着火时，首先选择安全疏散楼梯、室外疏散楼梯、普通楼梯等。尤其是防烟楼梯、室外疏散楼梯，更安全可靠，在火灾逃生时，应充分利用。

如果以上通道被烟火封锁，又无其他器材救生时，可考虑利用建筑的阳台、窗口、屋顶、落水管等脱险。但应注意查看落水管是否牢固，防止人体攀附上以后断裂脱落造成伤亡。

（4）准备简易防护器材

逃生人员多数要经过充满烟雾的路线，才能离开危险区域。如果浓烟呛得人透不过气来，可用湿毛巾捂住口鼻，无水时干毛巾也可以。实践已证明湿毛巾和干毛巾除烟效果都较好。使用毛巾捂住口鼻时，一定要使过滤烟的面积尽可能地大，将口鼻捂严。在穿过烟雾区时，即使感到呼吸困难，也不能将毛巾从口鼻上拿开，因为一旦拿开，就有中毒的危险。烟雾弥漫中，一般离地面30厘米仍有残存空气可以利用，可采取低姿势逃生，爬行时将手心、手肘、膝盖紧靠地面，并沿墙壁边缘逃生，以免错失方向。于无浓烟的地方，可将透明塑料袋充满空气套住头，以避免吸入有毒烟雾或气体。

如果门窗、通道、楼梯等已被烟火封锁，可向头部、身体浇些冷水或用湿毛巾等将头部包好，用湿棉被、湿毯子将身体裹好，再冲出危险区。当衣物着火时，最好脱下或就地卧倒，用手覆盖住脸部并翻滚压熄火焰，或跳入就近的水池将火熄灭。火场逃生过程中，要一路关闭所有身后的门，它能减低火和浓烟的蔓延速度。

（5）自制简易救生绳索，切勿跳楼

当各通道全部被烟火封死时，应保持镇静。可利用各种结实的绳索，如无绳索可用被褥、衣服、床单，或结实的窗帘布等物撕成条，拧成绳，拴在牢固的窗框、床架或其他室内的牢固物体上，然后沿绳缓慢下滑到地面或下层的楼层内而顺利逃生。如果被烟火困在二层楼内，在没有救生器材逃生或得不到救助而万不得已的情况下，有些人也可以跳楼逃生。但跳楼之前，应先向地面扔一些棉被、床垫等柔软物品，然后用手扒住窗台或阳台，身体下垂，自然下落。这样可以缩短距离，使双脚首先落在事先抛下的柔软物体上，更好地保护人身安全。如果被火围困于三层以上楼层内，那就千万不要急于往下跳，因距离很高，往下跳时容易摔成重伤或死亡。

（6）创造避难场所

在各种通道被切断，火势较大，一时又无人救援的情况下，对于没有避难间的建筑物，被困人员都应开辟避难场所与浓烟烈火搏斗。当被困在房间里时，应关紧迎火的门窗，打开背火的门窗，但不能打碎玻璃。因为要是窗外有烟进来时，还要关上窗子。如门窗缝隙或其他孔洞有烟进来时，应该用湿毛巾、湿床单、湿被褥等难燃或不燃的物品封堵，并不断向物品上和门窗上洒水，最后向地面洒水，并淋湿房间的一切可燃物。要运用一切手段和措施与火搏斗，直到消防人员到来，救助脱险。避难间及避难场所是为救生而开辟的临时性避难的地方，因火场情况不断发展，避难场所也不会绝对安全。所以不要在有可能疏散的条件下不疏散而创造避难间避难，从而失去逃生的机会。

避难间要选择在有水源和能同外界联系的房间。一方面有水源能进行降温、灭火、消烟以利避难人员生存，另一方面又能与外界联系及时获救，如房间有电话应及时报警。如无电话，可用挥舞衣物、呼叫等方式向窗外发出求救信号，等待救援。夜间要打开电灯、手电筒等向外报警。

266. 火灾逃生的"三要""三救""三不"原则

当我们面对大火，必须坚持"三要""三救""三不"的原则才能够化险为夷，绝处逢生。

（1）"三要"原则

一是要熟悉自己住所的环境；

二是要遇事保持沉着冷静；

三是要警惕烟毒的侵害。

平日要多注意观察，做到对住所的楼梯、通道、大门、紧急疏散出口等了如指掌，对有没有平台、天窗、临时避难层（间）心中有数。这样一旦发生火灾等险情时，就不会慌了手脚，盲目乱闯。

面对熊熊大火，只有保持沉着和冷静，才能采取迅速果断措施，保护自身和别人的安全，将人身及财产损失减小到最低程度。

（2）"三救"原则

一是选择逃生通道自救；

二是结绳下滑自救；

三是向外界求救。

发生火灾时，利用烟气不浓或大火尚未烧着的楼梯、疏散通道、敞开式楼梯逃生是最理想的选择。如果能顺利到达失火楼层以下就算基本脱险了。

在遇上过道或楼梯已经被大火或有毒烟雾封锁后，应该及时利用绳子（或者把窗帘、床单撕扯成较粗的长条结成的长带子）将其一端牢牢地系在自来水管或暖气管等能负载体重的物体上另一端从窗口下垂至地面或较低楼层的阳台处，然后沿着绳子下滑，逃离火场。

倘若自己被大火封锁在楼内，一切逃生之路都已切断，那就得暂时退到房内，关闭通向火区的门窗。可向门窗浇水，以减缓火势的蔓延；与此同时，通过窗口向下面呼喊、招手、打亮手电筒、抛掷物品等，发出求救信号，等待消防队员的救援。总之，不要因冲动而做出不利于逃生的事。

（3）"三不"原则

一是不乘普通电梯；

二是不轻易跳楼；

三是不贪恋财物。

发现火灾后，人们为了阻止大火沿着电气线路蔓延开来，都会拉闸停电。有时候，大火会将电线烧断。如果乘坐普通电梯逃生，遇上停电可就麻烦了，既上不去，又下不来，无异于将自己困在"囚笼"里，其危险性可想而知。

这里特别要指出的是，按照防火要求安装的消防电梯除外，因为它有单独的电源控制和其他安全设备，可用于人员的疏散。

火灾来势极快，10分钟后便可进入猛烈阶段。因此，遇上火灾时，必须迅速疏散逃生，切莫贪恋财物。更不要在已经逃离火场后，为了抢救财物而重返火场。

267. 疏散和逃生有什么区别

疏散是指火灾发生时火场人员通过专门的设施和路线撤离着火区域，到达室外安全区域的行动。它是一种有序地撤离危险区域的行动，有时会有引导员指挥疏导。

逃生是为了摆脱危险境地，以求保全生命或生存所采取的行为或行动。

一般而言，疏散是一种有序的人群流动的行为，目的性、方向性、路线性、秩序性、群体性很强，不是盲目的、杂乱无章的，通常这种行动事先要通过制定疏散预案并多次演练才能在实战中达到预期效果，建筑物安全疏散的路线设计通常是根据建筑物的特性设定火灾条件，针对火灾和烟气流动特性的预测及疏散形式的预测，采取一系列符合防火规范的防火措施，进行适当的安全疏散设施的设置和设计，以提供合理的疏散方法和其他安全防护方法，保证人员具有足够的安全度来实现的。而逃生行为则通常只具有目的性，不一定具有有序性、方向性，多半是指个体或为数很少的几个人的行为。

268. 应急疏散预案演练的实施步骤

（1）熟悉灭火应急疏散预案，做好组织与物资准备；

（2）通知全员及周边，避免恐慌；

（3）假设火情；

（4）实施演练；

（5）演练总结与讲评；

（6）完善修订预案。

此外应注意，演练频次应服从国家法律、法规规定。

269. 如何制作逃生锚点

（1）确定锚点位置。选择一个坚固的结构物或地面区域作为锚点位置，确保它能够承受救援过程中的重力和冲击力。

（2）清理锚点位置。将锚点位置周围的杂物和障碍物清除，确保锚点区域干净，并准备好必要的安全设施，如安全带或吊桥。

（3）确定固定点。确定好需要固定绳索的点，可以是一个铁环、抓手或者使用特殊的固定设备，如螺栓或扣环。

（4）安装固定设备。根据设计需要，将固定设备安装到锚点位置上，如果是固定在建筑物上，可以使用特殊的锚具或者膨胀螺栓进行固定；如果是固定在地面上，可以使用大型的金属螺栓或钢板进行固定。

（5）测试固定点的稳定性。在使用之前，务必测试锚点的稳定性和可靠性，可以通过施加拉力或重力来测试其能否承受救援过程中的力量，使用专业设备或工具来确保固定点的稳定性。

（6）使用救援绳索。一旦锚点安装并确定稳定后，可以使用救援绳索连接到锚点上，使用正确的绳索技术和绳结来固定和连接绳索。

270. 发生森林火灾时如何逃生

在森林中一旦遭遇火灾，应当尽力保持镇静，就地取材尽快做好自我防护，可以采取以下防护措施和逃生技能，以求安全迅速逃生。

（1）在森林火灾中对人身造成的伤害主要来自高温、浓烟和一氧化碳，容易造成热烤中暑、烧伤、窒息或中毒，尤其是一氧化碳具有潜伏性，会降低人的精神敏锐性，中毒后不容易被察觉。因此，一旦发现自己身处森林着火区域，应当使用沾湿的毛巾遮住口鼻，附近有水的话最好把身上的衣服浸湿，这样就多了一层保护。然后要判明火势大小、火苗燃烧的方向，然后逆风逃生，切不可顺风逃生。

（2）在森林中遭遇火灾一定要密切关注风向的变化，因为这说明了大火的蔓延方向，也决定了逃生的方向是否正确。实践表明现场刮起5级以上的大风，火灾就会失控。如果突然感觉到无风的时候更不能麻痹大意，这时往往意味着风向将会发生变化或者逆转，一旦逃避不及，容易造成伤亡。

（3）当烟尘袭来时，用湿毛巾或衣服捂住口鼻迅速躲避。躲避不及时，应选在附近没有可燃物的平地卧地避烟。不可选择低洼地和坑、洞，因为低洼地和坑、洞容易沉积烟尘。

（4）如果被大火包围在半山腰时，要快速向山下跑，切忌往山上跑，通常火势向上蔓延的速度要比人跑得快得多。

（5）如果时间允许可以主动点火烧掉周围的可燃物，当烧出一片空地后，迅速进入空地卧倒避烟。

（6）脱离火灾现场之后，还要注意防止蚊虫或者蛇、野兽、毒蜂的侵袭。集体或者结伴出游的朋友应当相互查看一下大家是否都在，如果有掉队的应当及时向当地灭火救灾人员求援。

（7）乘车路经山区或林区的时候一定不要向车外扔烟头，要遵守禁止使用明火的规定。

271. 在单元式住宅区中遇到火灾如何脱险

（1）利用门窗逃生

大多数人在火场受困都采用这个办法。利用门窗逃生的前提条件是火势不大，还没有蔓延到整个单元住宅，同时，是在受困者较熟悉燃烧区内通道的情况下进行的。具体方法是把被子、毛毯或褥子用水淋湿裹住身体，低身冲出受困区。或者将绳索一端系于窗户中横框（或室内其他固定构件上，无绳索可用床单和窗帘撕成布条代替），另一端系于小孩或老人的两腋和腹部，将其沿窗放至地面或下层窗口，然后破窗入室从通道疏散，其他人可沿绳索滑下。

（2）利用阳台逃生

在火场中由于火势较大无法利用门窗逃生时，可利用阳台逃生。高层单元住宅建筑从第七层开始每层相邻单元的阳台相互连通，在此类楼层中受困，可拆破阳台间的分隔物，从阳台进入另一单元，再进入疏散通道逃生。建筑中无连通阳台而阳台相距较近时，可将室内的床板或门板置于阳台之间搭桥通过。如果楼道走廊已为浓烟所充满无法通过时，可紧闭与阳台相通的门窗，站在阳台上避难。

（3）利用空间逃生

在室内空间较大而火灾占地不大时可利用这个方法。其具体做法是将室内（卫生间、厨房都可以，室内有水源最佳）的可燃物清除干净，同时清除与此室相连室内的部分可燃物，清除明火对门窗的威胁，然后紧闭与燃烧区相通的门窗，防止烟和有毒气体的进入，等待火势熄灭或消防部队的救援。

（4）利用管道逃生

房间外墙壁上有落水或供水管道时，有能力的人，可以利用管道逃生。但这种方法一般不适用于妇女、老人和小孩。

272. 单元式住宅中要加装逃生窗吗

单元式住宅需要设置逃生窗。高层公共建筑三层以上楼层需要在每层窗口、阳台等便于操作的部位设置逃生窗口。

273. 楼梯起火楼上人员被困应当如何正确自救

楼梯着火，人们往往会惊慌失措。尤其是在楼上的人更是急得不知如何是好。

（1）一旦发生这种火灾，要临危不惧，首先要稳定自己的情绪，保持清醒的头脑，如有电话，要迅速拨打"119"报警，如没有电话也要想办法就地灭火。如用水浇、用湿棉被覆盖等，如果不能马上扑灭，应该设法脱险。有时楼房内着火，楼梯未着火，但浓烟往往朝楼梯间灌，楼上的人容易产生错觉，认为楼梯已被切断，没有退路了。其实大多数情况下，楼梯并未着火，完全可以设法夺路而出。如果被烟呛得透不过气来，可用湿毛巾捂住嘴鼻，贴近楼板或干脆跑走。即使楼梯被火焰封住了，在别无出路时，也可用湿棉被等物作掩护及早迅速冲出去。如果楼梯确已被火烧断，似乎身临绝境，也应冷静地想一想，是否还有别的楼梯可走，是否可以从屋顶或阳台上转移，是否可以借用水管、竹竿或绳子等滑下来，可否进行逐级跳下等方式脱险。

（2）如果有小孩、老人、病人等被围困在楼上，更应及早抢救，如用被子、毛毯、棉袄等物包扎好。有绳子用绳子，没有绳子用撕裂的被单结起，沿其滑下，争取尽快脱险。

（3）呼救也是一种主要的逃生办法，救援人员听到呼救声，会设法营救。

274. 医院发生火灾后如何开展救援

（1）对于行动不便的老弱病残者、儿童以及因惊吓、烟熏火烧而昏迷的人员，要用背、抱、抬的方法把他们抢救出来。需要穿过烟火封锁区时，可用湿衣服、湿被褥等将被救者和救援者的头、脸及身体遮盖起来，并用雾状水枪掩护，防止被火焰或热气灼伤。

（2）楼层的内部走道、楼梯、门等通道已被烟火封锁，被困人员无法逃生时，应利用消防拉梯等架设到被困人员所在的窗口、阳台、屋顶等处，然后利用消防梯、举高消防车、救生袋、缓降器等将被困人员救出。

（3）无法架设消防梯时，可利用挂钩梯、徒手爬落水管窗户等方法攀登上楼，然后用救生器材救人，或使用射绳枪将绳索射到被困人员所在的位置上，再让被困人员用绳将缓降器、救生梯、救生袋等消防救援器材吊上去，然后让被困人员使用器材自救。

（4）被困在窗口、阳台、屋顶的人员，尤其是悬吊在建筑物外面的人员，在浓烟烈火的威胁下，有可能冒险跳楼，此时要用喊话或写大字标语的方式，告诫他们坚持到底等待救援，不要铤而走险。同时在地面做好救生准备，如拉开救生网、铺好救生垫。如无救生网、救生垫，可用海绵垫、床垫等代替，以防万一。

（5）在使用消防梯抢救楼层内被困人员时，要警惕并制止人们蜂拥而上，以免造成人员坠落、翻梯等事故。被困人员自己沿消防梯从楼层向地面疏散时，应用安全绳系其腰部保护，或由消防人员将其背在身上护送下梯。

（6）对抢救出来的受伤人员，除在现场急救，还应及时进行抢救治疗。

275. 电缆井起火的后果

（1）有毒浓烟威胁逃生安全。因为电缆表面包裹的橡胶，燃烧时会产生大量的二氧化硫、氯气、一氧化碳等有毒气体，以及未充分燃烧产生的炭黑，这就使得火场出现大量浓烟，长时间或大量吸入会导致被困者窒息，严重阻碍逃生。

（2）"烟囱效应"加速火势蔓延。由于电缆井的特殊构造，火灾发生时容易形成"烟囱效应"，电缆燃烧产生的热空气向上流动，加快了火势蔓延的速度，使得浓烟和大火迅速扩散到整个建筑，非常容易造成人员伤亡。

276. 在高层建筑中遇到火灾如何脱险

高层建筑由于特殊结构，一旦发生火灾，与普通建筑物相比，危险性更大，如处置不当，往往会发生人员伤亡。当身处这种情况时，一定要保持冷静，不要惊慌。

（1）要迅速辨明是自己房间的上下左右哪个方位起火，然后再决定逃生路线，以免误入"火口"。

（2）如果发现门窗、通道、楼梯已被烟火封住，但还有可能冲出去的时候，可向头部和身上淋些水，或用湿毛巾、被单将头蒙住，用湿毛毯、棉被将身体裹好，冲出险区。

（3）如浓烟太大，人已不能直立行走，则可贴地面或墙根爬行，穿过险区。当楼梯被烧塌，邻近通道被堵死时，可通过阳台或窗户进入另外的房间，从那里再迅速逃向室内专用消防电梯或室外消防楼梯。

（4）如果房门已被烈火封住，千万不要轻易开门，以免引火入室，要向门上多泼些水，以延长蔓延时间，伺时从窗户伸出一件衣服或大声呼叫，以引起救援人员注意。

（5）如楼的窗外有雨水管、流水管或避雷针线，可以利用这些攀缘而下；也可用结实的绳索（如一时找不到可将被罩、床单、窗帘撕成条，拧成绳接好），一头拴在窗框或床架上，然后缓缓而下。若距地面太高，可下到无危险楼层时，用脚将所经过的窗户玻璃踢碎，进入后再从那里下楼。

（6）如所住房间距楼顶较近，亦可直奔楼顶平台或阳台前耐心等待救援人员到来，但无论遇到哪种情况，都不要直接下跳，因为那样只有死而无生的可能。

277. 什么是避难层

避难层是高层建筑中用作消防避难的楼层，一般建筑高度超过 100 米的超高层建筑，为消防安全专门设置了供人们疏散避难的楼层。通过避难层的防烟楼梯间应在避难层分隔、同层错位或上下层断开，人员必须经避难层方能上下。

278. 避难层分为几种类型

避难层按其围护方式大体分为以下三种类型。

（1）敞开式避难层。敞开式避难层是指四周不设围护构件的避难层，一般设于建筑顶层或平屋顶上。这种避难层结构简单，投资小，但防护能力较差，不能绝对保证不受烟气侵入，也不能阻挡雨雪风霜，比较适合于温暖地区。

（2）半敞开式避难层。四周设有高度不低于1.2米的防护墙，上部开设窗户和固定的金属百叶窗。这种避难层既能防止烟气侵入，又具有良好的通风条件，可以进行自然排烟。但它仍具有敞开式避难层的缺点，不适用于寒冷地区。

（3）封闭式避难层（间）。封闭式避难层（间）四周及隔墙采用耐火防护墙，室内设有独立的空调系统和防排烟系统，外墙及隔墙一般不开门窗；如开门窗，则采用甲级防火门窗。封闭式避难层可防止烟气和火焰的侵害以及免受外界气候的影响。

279. 什么是防火门

防火门是指在一定时间内能满足耐火稳定性、完整性和隔热性要求的门。它是设在防火分区间、疏散楼梯间、垂直竖井等具有一定耐火性的防火分隔物。在房屋建筑中专门用于隔离火源，对于消防工作来说有着巨大的作用，一旦发生火灾人们可以通过防火门来获取逃生机会。

280. 防火门的设置要求

（1）建筑内设置的防火门既要保持建筑防火分隔的完整性，又要方便人员疏散和开启。因此，设置在建筑内经常有人通行处（如疏散走道）的防火门采用常开防火门，疏散走道在防火分区处设置常开甲级防火门；常开防火门在火灾时能自行关闭，并具有信号反馈的功能。

（2）为避免烟火蔓延至非起火区域，除疏散走道等允许设置常开防火门的位置外，其他区域、部位的防火门均采用常闭防火门，并在其门扇的明显位置设置"保持防火门关闭"等提示标志。

（3）除管井检修门和住宅的户门外，防火门均需具有自动关闭的功能，双扇防火门具有按顺序关闭的功能；除另有规定外，防火门通常应能在内外两侧手动开启。

（4）为保证分区间的相互独立，变形缝附近设置的防火门需要设在楼层较多的一侧，并保证防火门开启时门扇不得跨越变形缝，以防止烟火通过变形缝竖向蔓延。

（5）防火门关闭后应具有防烟性能，甲、乙、丙级防火门产品的选用要符合《防火门》（GB 12955-2008）的规定。

（6）人防工程中，采用防护门、防护密闭门、密闭门代替甲级防火门时，其耐火性能符合甲级防火门的要求，且不得用于平战结合公共场所的安全出口处。

281. 如何区分常开防火门和常闭防火门

（1）状态有差异。常开式防火门日常的状态为开启，发生火灾的时候会由控制系统将其关闭，正常设置在公共场所的通道或走廊上，常闭式防火门平时和火灾时都是处于闭合状态的，人员走动需自行推开，它能够隔烟隔火，阻止火情蔓延。

（2）价格有差异。常开式防火门价格昂贵，常闭式防火门的价格则要低廉一些。

（3）组成有差异。常开式是由门扇、门框、闭门器密封条、释放开关等零件制成的，常闭式除上述零件外还要配备顺序器。

（4）控制途径有差异。常开式是由防火门释放开关操控的，而常闭式无须配置电动自动控制，它是通过闭门器、顺序器来开关的，是机械式操控。

282. 常开防火门为什么要常开

常开防火门在平时保持开启状态，使人员通行便利，通风采光方便，在火灾情况下能自行关闭，起到隔烟阻火作用。从而彻底解决了防火门平时关闭而给人员通行带来的不便以及防火门因经常开关而造成的人为损坏，同时又保证了消防安全。

283. 什么是建筑外墙保温材料

建筑外墙保温材料专指用于建筑墙体的一类保温材料。目前的保温材料分为 A 级（不燃）、B1 级（难燃）、B2 级（可燃）和 B3 级（易燃）4 个等级，在我国的《建筑防火通用规范》（GB55037-2022）中对于材料的使用有着严格的要求。

284. 建筑外墙保温材料的起火原因

（1）老旧建筑外保温材料易燃。部分老旧建筑外墙保温系统使用的材料大多为聚氨酯泡沫、聚苯乙烯泡沫等，此类外墙外保温材料属易燃材料，极易被引燃。

（2）施工期间隐患多。外保温系统建筑施工周期长，各种施工工序相互交叉，有的施工单位所使用的装修材料以次充好、防火等级不够，且施工防火管理不到位，易产生火灾隐患。

（3）外保温系统存在空腔。由于施工工艺的不同，建筑外保温系统可能存在闭合空腔和非闭合空腔。非闭合空腔构造的存在可能为系统中保温材料的燃烧提供充足的氧气，在火灾发生后会产生"烟囱效应"，加速火势的蔓延。

（4）外保温系统未及时维护。高层建筑使用时间较长，外墙保温系统出现破损、开裂和脱落的现象，物业单位却未能及时维修，极易引发火灾。

（5）人员消防安全意识淡薄。建筑内人员消防安全意识淡薄，在建筑外墙周围堆放易燃物、违规停放电动自行车、生活用火用电不符合规范等现象极易引发外保温系统起火。

285. 什么是防火间距

防火间距是指防止着火建筑在一定时间内引燃相邻建筑，便于消防扑救的间隔距离。现实情况中，防火间距从数米到数十米不等，其计算要根据建筑物的用途、生产或储存物品的种类、建筑高度、耐火等级等因素综合考量。

286. 防火间距在发生火灾时发挥什么作用

（1）防火间距可以有效阻止火势蔓延。火灾往往会迅速蔓延，并且会通过建筑物之间的接触面传播。如果建筑物之间的防火间距足够大火势就无法跨越到相邻的建筑物上，从而将火灾局限在原地，减小火灾的规模和危害。

（2）防火间距可以提供逃生通道。在火灾发生时，人们通常需要通过建筑物之间的间隙进行逃生。如果防火间距不够大，逃生通道就会被火势堵塞，导致人们无法及时逃生。而合理设置的防火间距可以为人们提供足够的逃生通道，保障人的生命安全。

（3）防火间距可以减小火灾对周围环境的影响。火灾不仅会对建筑物造成严重的破坏，还会对周围的环境造成污染和破坏。如果建筑物与周围环境之间的防火间距足够大，火灾的余烟和灰尘就无法对周围的植被、水源等造成太大的影响，减小了环境损害的程度。

（4）防火间距还可以方便消防救援工作的展开。在火灾发生后，消防人员需要进行灭火和救援工作。如果建筑物之间的防火间距足够大消防车辆和救援设备可以自由通行，消防人员也可以更加方便地展开工作，提高灭火和救援效率。

287. 在大型公共场所遇到火灾如何逃生

（1）要了解和熟悉环境。当你走进商场、宾馆、酒楼、歌舞厅等公共场所时，要留心太平门、安全出口、灭火器的位置，以便发生意外时及时疏散和灭火。

（2）要迅速撤离。一旦听到火灾警报或意识到自己被火围困时立即想法撤离。

（3）要保护呼吸系统。逃生时可用毛巾或餐巾布、口罩、衣服等将口鼻捂严，否则，会有中毒和被热空气灼伤呼吸系统软组织窒息致死的危险。

（4）要通道疏散，如疏散楼梯、消防电梯、室外疏散楼梯等。也可考虑利用窗户、阳台、屋顶、避雷线、落水管等脱险。

（5）要利用绳索滑行。用结实的绳子或将窗帘、床单、被褥等撕成条，拧成绳，用水沾湿后将其拴在牢固的暖气管道、窗框床架上，被困人员逐个顺绳索滑到下一楼层或地面。

（6）如果处于二层楼，可跳下逃生。跳前先向地面扔一些棉被、枕头、床垫、大衣等柔软的物品，以便"软着陆"，然后用手扒住窗户身体下垂，自然下滑，以缩短跳落高度。

（7）要借助器材。通常使用的有缓降器、救生袋、网、气垫、软梯滑竿、滑台、导向绳、救生梯等。

（8）暂时避难。在无路逃生的情况下，可利用卫生间等暂时避难。避难时要用水喷淋迎火门窗，把房间内一切可燃物淋湿，延长时间。在暂时避难期间，要主动与外界联系，以便尽早获救。

（9）利用标志引导脱险。在公共场所的墙上、顶棚上、门上、转弯处都设置"太平门""紧急出口""安全通道""火警电话"和逃生方向箭头等标志，被困人员按标志指示方向顺序逃离，可解"燃眉之急"。

（10）要提倡利人利己。遇到不顾他人死活的行为和前拥后挤现象，要坚决制止。只有有序地迅速疏散，才能最大限度地减少伤亡。

288. 乘坐交通工具时发生火灾如何脱险

（1）利用车厢前后门逃生。旅客列车每节车厢内都有一条长约 20 米、宽约 80 厘米的人行通道，车厢两头有通往相邻车厢的手动门或自动门，当某一节车厢内发生火灾时，这些通道是被困人员可利用的主要逃生通道。火灾发生时，被困人员应尽快利用车厢两头的通道，有秩序地逃离火灾现场。

（2）利用车厢的窗户逃生。列车车厢内的窗户一般为 70×60 厘米，装有双层玻璃。当起火车厢内的火势不大时，列车乘务人员应大声告诉乘客不要开启车厢门窗，以免大量的新鲜空气进入后，加速火势的扩大蔓延。当车厢内火势较大时，被困人员可用坚硬的物品将窗户玻璃砸破，破窗逃生。

（3）疏散人员。运行中的列车发生火灾，列车乘务人员在引导被困人员通过各车厢互连通道逃离火场的同时，还应迅速扳下紧急制动闸，使列车停下来，并组织人力迅速将车门和车窗全部打开，帮助未逃离车厢的被困人员向外疏散。

（4）疏散车厢。列车在行驶途中或停车时发生火灾，威胁相邻车厢时，应采取摘钩的方法疏散未起火的车厢，具体方法是前部或中部车厢起火时，先停车摘掉起火车厢与后部未起火的车厢之间的连接挂钩，机车牵引向前行驶一段距离后再停下，摘掉起火车厢与前面车厢之间的挂钩，再将其余车厢牵引到安全地带；尾部车厢起火时，停车后先将起火车厢与未起火车厢之间连接的挂钩摘掉，然后用机车将未起火的车厢牵引到安全地带。采用摘挂钩的方法疏散车厢时，应选择在平坦的路段进行。对有可能发生溜车的路段，可用硬物塞垫车轮，防止溜车。

289. 地铁发生火灾如何逃生

当地铁在行进中突遇火灾等突发事件时，从乘客求援到救援人员赶到中间必然会有一段等待时间。在这段时间里，乘客的沉着自救非常必要。此时如果不能有效控制住惊恐慌乱的情绪，采取乱砸乱闯慌不择路的逃生方法，是非常危险的。乘客在遇到危险或等待救援时，千万保持冷静，逐步实施自救。

（1）及时报警。可以利用自己的手机拨打"119"报警，也可以按动地铁列车车厢内的紧急报警按钮。在两节车厢连接处，均贴有红底黄字的"报警开关"标志，箭头指向位置就是紧急报警按钮所在位置，将紧急报警按钮向上扳动即可通知地铁列车司机，以便司机及时采取相关措施进行处理。

（2）火灾的烟雾和毒气会令人窒息，因此乘客要用随身携带的口罩、手帕或衣角捂住口鼻。如果烟味太呛，可用矿泉水、饮料等润湿布块。贴近地面逃离是避免烟气吸入的最佳方法。但不要匍匐前进以防踩踏。视线不清时，手摸墙壁徐徐撤离。

（3）车厢座位下存有灭火器，可随时取出用于灭火。干粉灭火器位于每节车厢两个内侧车门的中间座位之下，上面贴有"灭火器"标志。乘客旋转拉手90度，开门取出灭火器。使用灭火器时，先要拉出保险销，然后瞄准火源，最后将灭火器手柄压下，尽量将火扑灭在萌芽状态。

（4）如果车厢内火势过猛或仍有可疑物品，乘客可通过车厢头尾的小门撤离，远离危险。

（5）如果出事时列车已到站下人，但此时忽然断电，车站会启用紧急照明灯，同时，蓄能疏散指示标志也会发光。乘客要按照标志指示撤离到站外。

（6）大量乘客向外撤离时，老年人、妇女、孩子尽量"溜边"，防止摔倒后被踩踏。

（7）如果身不由己被人群拥着前进，要用一只手紧握另一手腕，双肘撑开，平放于胸前，要微微向前弯腰，形成一定的空间，保证呼吸顺畅，以免拥挤时造成窒息晕倒。同时护好双脚，以免脚趾被踩伤。如果自己被人推倒在地，一定不要惊慌，应设法让身体靠近墙根或其他支撑物，把身子蜷缩成球状，双手紧扣置于颈后，虽然手臂、背部和双腿会受伤，却可以保护身体的重要部位和器官。

（8）在逃生过程中一定要听从工作人员的指挥和引导疏散，绝不能盲目乱窜。万一疏散通道被大火阻断，应尽量想办法延长生存时间，等待消防队员前来救援。

290. 汽车起火如何逃生

（1）汽车发生火灾如果没有车载灭火器或火势较大无法自救时，应迅速跑出车外，站在车后方，向后面的车示意，并拨打"119"等待救援。

（2）身边可常备一把小裁纸刀，一旦遇到汽车事故或者火灾，安全带有可能变成"杀手带"，成为逃生时的一大阻碍，一把小刀可以化险为夷。

（3）起火或车内大量冒烟后，不要返回车内取东西，因为烟雾中有大量毒气，吸入可能害人性命。

291. 火场逃生时如何正确使用缓降器

缓降器是一种可使人随安全带缓慢下降，借人体下降的重力启动，依靠摩擦产生阻力或调速器自动调整控制下降速度使人获得缓速降落的救生装置。使用方法如下。

（1）自盒中取出缓降机。

（2）打开挂钩接头。

（3）挂在固定架。

（4）安全索套在腋下，束环束在胸口。

（5）拉紧调解器下两条绳索。

（6）攀出窗外面向墙壁。

（7）放开双手张开双臂，并注意身体下降时勿撞击壁面。

（8）下降后立刻拿开安全索。

（9）顺势下拉绳索到顶，以便下一位使用。

292. 火场逃生时如何正确使用救生绳

救生绳是上端固定悬挂，供人们手握进行滑降的绳子。救生绳主要是消防员个人携带的一种救人或自救工具，也可以用于运送消防施救器材，还可以在火情侦察时作标绳用。使用方法如下。

（1）将救生绳一端固定在牢固的物体上，并将救生绳顺着窗口抛向楼下。

（2）双手握住救生绳，左脚面钩住窗台，右脚蹬外墙面待人平稳后，左脚移出窗外。

（3）两腿微弯，两脚用力蹬墙面的同时，双臂伸直，双手微松，两眼注视下方，沿救生绳下滑。

（4）当快接近地面时，右臂向前弯曲，勒绳两腿微曲，两脚尖先着地。

293. 火场逃生时如何正确使用救生袋

救生袋是两端开口，供人从高处在其内部缓慢滑降的长条形袋状物，通常又称救生通道。它以尼龙织物为主要材料，可固定或随时安装使用，是楼房建筑火场受难人员的脱险器具。

使用方法如下。

（1）将救生通道安装架放成工作状态，打开背包取出通道筒，将连接带挂钩固定在举高车工作台架上。

（2）放下救生通道，并按实际使用高度，用拉链调节通道筒的长度。

（3）被营救人员系配安全带，将两个连接钩钩在安全带上的两个金属环内，双手抓住方框上的扶手。

（4）被营救人员进入通道后，即在通道内下降，其下降速度由地面消防员控制，被营救人员双手向上，不做任何操纵动作。

（5）接近地面时，地面消防员应适当加大操纵力，减小下降速度，使被营救人员平稳着地。

294. 室外消防栓和水泵接合器有什么区别

水泵接合器是和消防栓等消防供水系统连接的，主要起到输送消防用水的作用。室外消防栓是和水枪等连接的，主要起到往外喷水灭火的作用。水泵接合器外观更加灵巧，通常有 2 个接口。室外消防栓体形笨重，比水泵接合器多一个 DN100 接口。

295. 室外消防栓的使用方法

（1）确认消防栓的位置。在发生火灾时，第一时间确认室外消防栓的位置非常重要。一般来说，室外消防栓会在道路或建筑物旁边的明显位置设置，例如路口广场、公园等。在平时，我们应该多留意周围的消防标志，熟悉本地的消防设施布局，以便在紧急情况下能够快速找到室外消防栓的位置。

（2）打开消防栓阀门。当找到消防栓后，需要将消防栓阀门打开。首先，要将消防栓周围的防护罩、盖子等拆除，然后，用消防栓扳手将阀门旋开。在旋开阀门前，要注意检查阀门处是否有漏水现象，以确保消防栓正常运行。另外，在使用消防栓时，要注意阀门的开启方向，不要旋转反方向。

（3）连接消防栓与水龙带。在打开消防栓阀门后，需要将水龙带与消防栓连接。在连接时，先将水龙带的接头与消防栓的接头对准，然后将水龙带接头旋转，使其与消防栓接头紧密连接。在连接时要注意，不要让水龙带过度弯曲，以免影响水流通畅。

（4）调节水龙带的水流和喷头。连接好水龙带后，需要调节水流和喷头，使其达到合适的喷水效果。在调节时，应按照消防栓的水压来调整水龙带的水流，以确保水流量充足，喷头的喷水角度适当。在使用水龙带时，要注意喷头的方向，不要朝人或有人的地方喷水。

（5）关闭消防栓阀门。在使用完毕后，要及时关闭消防栓阀门。先关闭水龙带的水龙头，然后将水龙带从消防栓上拆下，最后用消防栓扳手旋紧阀门，将消防栓恢复原状。在关闭阀门时，要确保旋紧，以免漏水。

296. 水泵接合器的使用方法

水泵接合器是一种用来连接水泵和管道的装置，它可以帮助确保水泵和管道之间的连接牢固，以确保顺畅的水流。以下是水泵接合器的使用方法。

（1）确保水泵和管道安装完毕，并且准备好连接。

（2）检查水泵接合器的密封垫是否完好，并确保表面没有明显的损坏。

（3）将水泵接合器放置在水泵和管道之间的连接部位上。

（4）确保水泵接合器与水泵和管道的连接部位完全对准。

（5）使用合适的工具（通常是螺丝刀或扳手）将水泵接合器上的螺栓或螺母拧紧，以确保连接紧密。

（6）检查连接部位是否紧固，并确保没有明显的漏水。

（7）如果发现有漏水或连接不牢固的情况，重新检查并重新拧紧水泵接合器上的螺栓或螺母。

297. 灭火毯在火灾现场可以发挥的作用

（1）遮火隔氧。灭火毯可以覆盖在火焰上，遮断空气与火焰的接触，隔绝氧气供应，使火焰熄灭。这是灭火毯最主要的灭火机理。

（2）吸热隔绝。灭火毯上的特殊材料可以吸收和绝缘大量的热量，使火焰和可燃物表面温度迅速下降，降低再点燃的可能。

灭火毯体积小，重量轻，灵活性好，易于运输和使用，可以快速、高效地扑灭火焰，对人员和财产损害最小。使用灭火毯扑灭火焰后，不会产生大量的灭火剂残留物，清理方便，环境卫生。

298. 灭火毯可以重复使用吗

没有破损的灭火毯是可以重复使用的，但是由于玻璃纤维容易一拉就碎，所以在清洁时千万不能用水洗，只能用干净的软布擦拭。

299. 强光手电在消防救援中的作用

（1）照明。这是手电筒最基本的功能。在火灾现场或紧急情况下，使用强光手电可以提供清晰的照明环境，为救援人员提供足够的光线，以便于发现和避免障碍物，确保安全地进入危险区域。

（2）求救。消防手电的强光可以作为一种求救工具，特别是在夜间或其他能见度较低的环境中。这一功能可以帮助让外界注意到灾情，提高营救人员的效率。

（3）安全指引。在一些特殊场所（如楼房走廊），由于停电等原因可能导致疏散困难的情况发生时，应急灯提供的微弱光线不足以支持逃生路径的选择和引导，此时就需要一种更强的光源——消防手电就显得尤为重要了。它可以照亮前进的道路，明确标识出安全的通道出口位置，从而协助人们尽快逃离到相对较为安全的地方。

300. 逃生过程中可借助的辅助工具

（1）气溶胶灭火器：可扑救电线、电器、油锅着火。

（2）灭火毯（或者湿床单）：隔离热源及火焰或披覆身上逃生。

（3）呼吸面罩（或者湿毛巾）：消防过滤式自救呼吸器，用于火灾逃生使用。

（4）逃生缓降器：较高楼层逃生。

（5）多功能组合钳：有剪刀、刀锯、螺丝刀、钢钳等组合功能。

（6）破窗器：用于室内和车内，破碎玻璃窗。

301. 烧伤急救法

烧伤意外发生时，现场一般不会有医务人员，所以要靠现场的人员在第一时间进行自救互救，对患者的烧伤部位进行紧急处理。及时、正确的现场处置才能将损伤程度降到最低。具体的现场急救要围绕"受伤时的热源温度、受热的持续时间和是否合并感染"这三个最影响烧烫伤严重程度的因素采取对应措施，简单说就是五个步骤：脱、冲、泡、包、送。

（1）脱。脱离热源和脱去着火或被热液浸湿的衣物，如果衣物粘连皮肤，不能强行脱扯，以防加重皮肤的损伤，应把覆盖在烧伤部位上的衣物小心剪除。

（2）冲。立即用大量冷水冲淋伤处，但不要把水龙头直接对准伤处冲洗，最好冲淋在伤口另一侧，让水流到伤处，以防止自来水管里的压力过大，对伤处造成二次伤害。

（3）泡。用凉水浸泡，不少于20分钟，到创面不再剧痛为止。

（4）包。用干净清洁的敷料、衣物或被单包裹，以保护创面，避免转运途中创面受损或污染。

（5）送。尽快将伤者送到具有烧伤救治经验的专业医院治疗。

302. 急性中毒急救法

由于中毒的情况不同，因而急救方法也有所区别，但必须坚持"立即、就地、先救命后治伤、先救重后救轻"的急救原则，将中毒人员移离中毒环境至上风向或空气新鲜的场所，保持呼吸畅通，对各种情形的伤者在脱离危险区域后，采取相应的措施。

（1）解除中毒者的呼吸障碍（如领带、领扣、腰带、胸罩等），让其呼吸畅通。

（2）对皮肤接触性中毒和被化学性烧伤的伤者，立即脱去被污染的衣物（但需注意保暖），用清水反复冲洗，冲洗时间不少于20分钟。

（3）对眼睛中毒的伤者，立即翻开上下眼皮用洁净的清水冲洗，冲洗时间不少于15分钟。

（4）对呼吸道有异物阻塞的伤者，运用腹部冲击法使异物排出。

（5）对轻度吸入性中毒者，使其脱离有毒场所至空气新鲜处，注意休息与保暖。

（6）对中度中毒已昏迷、面部有青紫的缺氧现象的伤者，采取人工呼吸或苏生器强制供氧的方法进行供氧。

（7）对呼吸中止与心脏停搏等危重中毒者，立即将其摆成仰卧位，头、颈、躯干平直无扭曲，双手放于躯干两侧，躺在平整而坚实的地面、床板或担架上，进行人工呼吸、现场心肺复苏术或利用苏生器强制供氧法进行抢救。

（8）对受到外伤的伤者要给予初步止血、包扎、固定。

（9）对同时出现烧伤的伤者，利用冷水冲洗、冷敷或浸泡，降低皮肤温度，用干净纱布或被单覆盖和包裹创面。

303. 心肺复苏法

它能使某些心跳、呼吸已停止的人"死"而复生，使心脏和肺重新工作。远离医院的现场，应立即对突发心跳停止或呼吸停止的病人使用胸外心脏按压和人工呼吸方法，争分夺秒，在现场抢救往往能挽救病人的生命。在心脏停止跳动后 4 分钟内开始复苏者可能有一半人可救活；在心跳停止后 4~6 分钟开始复苏者，仅 10% 可以救活；超过 6 分钟开始复苏者，仅 4% 可存活；10 分钟以上开始复苏者，几乎无存活可能。所以，必须争分夺秒，尽最大努力，在心跳呼吸停止后有限的几分钟内开始有效复苏。

304. 常用包扎法

包扎是外伤现场应急处理的重要措施之一。及时正确的包扎，可以达到压迫止血、减少感染、保护伤口、减少疼痛，以及固定敷料和夹板等目的；相反，错误的包扎可导致出血增加、加重感染、造成新的伤害、遗留后遗症等不良后果。

伤口经过清洁处理后，要做好包扎。包扎时，要做到快、准、轻、牢。快，即动作敏捷迅速；准，即部位准确、严密；轻，即动作轻柔，不要碰撞伤口；牢，即包扎牢靠，但不可过紧，以免影响血液循环，也不能过松，以免纱布脱落。

305. 搬运伤员法

当进行伤员的转运时，也应根据伤员的受伤情况采取不同的措施，具体方法如下。

（1）平托法。将担架放在病人的一侧，搬运者3～4人蹲在病人的另一侧，两手分别托住头部、肩部、髋臀部、双下肢，然后动作一致地将伤员托起，平放在担架上，并用2条绷带将伤员固定在担架上。此方法适用于脊柱骨折、颅脑损伤等重伤员。

（2）翻滚法。搬运者双手伸入伤员的头部、前胸部、腹部、髋部、膝关节部，然后动作一致地将伤员翻滚在担架上，伤员应仰卧。此方法适用于脊柱骨折、颅脑损伤等重伤员。

（3）颈椎骨折搬运法。一人专门牵引头部，不使头部左右转动，用平托法搬运到担架上，再用专制的小沙袋 2 只或就地取材用毛巾、衣服折叠成小枕头，塞在伤员的颈部两侧，以防止搬运时头部左右摆动造成脊髓损伤。

（4）骨盆骨折搬运法。用 2 块三角巾对叠四层，在骨盆部做环形包扎固定后，再用平托法搬运到担架上。

（5）胸部损伤搬运法。胸部损伤的伤员，均有呼吸困难的症状，搬运时应让伤员上半身靠起，呈端坐姿态，这样能减轻呼吸困难的症状。在平托搬运时，托头部的人应将伤员的上半身托高搬到担架上，使伤员上半身靠起。

参考资料及说明

1.《中华人民共和国治安管理处罚法》，根据 2012 年 10 月 26 日第十一届全国人民代表大会常务委员会第二十九次会议《关于修改〈中华人民共和国治安管理处罚法〉的决定》修正，本书中简称《治安管理处罚法》。

2.《中华人民共和国安全生产法》，根据 2021 年 6 月 10 日第十三届全国人民代表大会常务委员会第二十九次会议《关于修改〈中华人民共和国安全生产法〉的决定》第三次修正，本书中简称《安全生产法》。

3.《中华人民共和国消防法》，根据 2021 年 4 月 29 日第十三届全国人民代表大会常务委员会第二十八次会议《关于修改〈中华人民共和国道路交通安全法〉等八部法律的决定》第二次修正，本书中简称《消防法》。

4.《中华人民共和国产品质量法》，根据 2018 年 12 月 29 日第十三届全国人民代表大会常务委员会第七次会议《关于修改〈中华人民共和国产品质量法〉等五部法律的决定》第三次修正，本书中简称《产品质量法》。

5.《中华人民共和国刑法》，2023 年 12 月 29 日，第十四届全国人民代表大会常务委员会第七次会议通过《中华人民共和国刑法修正案（十二）》，对刑法作出修改、补充，2024 年 3 月 1 日起施行，本书中简称《刑法》。

6.《机关、团体、企业、事业单位消防安全管理规定》，中华人民共和国公安部第 61 号令 2001 年 10 月 19 日公安部部长办公会议通过，自 2002 年 5 月 1 日起施行。

　　7.《消防监督检查规定》，2009 年 4 月 30 日公安部部长办公会议通过，2009 年 4 月 30 日公安部令第 107 号公布，自 2009 年 5 月 1 日起施行。